Leopold Würtenberger

Studien über die Stammesgeschichte der Ammoniten

Ein geologischer Beweis für die Darwin'sche Theorie

Leopold Würtenberger

Studien über die Stammesgeschichte der Ammoniten
Ein geologischer Beweis für die Darwin'sche Theorie

ISBN/EAN: 9783743659230

Hergestellt in Europa, USA, Kanada, Australien, Japan

Cover: Foto ©berggeist007 / pixelio.de

Weitere Bücher finden Sie auf **www.hansebooks.com**

STUDIEN

über die

Stammesgeschichte der Ammoniten.

Ein geologischer Beweis

für

die Darwin'sche Theorie

von

Leopold Würtenberger.

Mit 4 Stammtafeln.

LEIPZIG.

ERNST GÜNTHER'S VERLAG.

1880.

VORWORT.

***

Auf den folgenden Blättern wurde der Versuch gemacht, den verwandtschaftlichen Zusammenhang einer grösseren Zahl jurassischer Ammoniten nachzuweisen, sowie deren Stammesgeschichte darzustellen. Da die mitgetheilten Beobachtungen zum Theil von allgemeinerem Interesse sein dürften, so habe ich danach gestrebt, die Sache so darzustellen, dass auch Derjenige, welcher nicht mit den Specialitäten der Paläontologie vertraut ist, diese Schrift zugänglich finden soll. Es ist dazu dann nur erforderlich, dass beim Lesen einige der citirten Abbildungen nachgeschlagen und verglichen werden.

Von mehreren Gruppen des in Nachstehendem übersichtlich betrachteten Formengebietes hoffe ich demnächst eingehendere monographische Darstellungen mit Abbildung sämmtlicher wichtiger Formen geben zu können.

Dettighofen, September 1879.
(Gr. Baden.)

Der Verfasser.

Inhaltsverzeichniss.

Sechstes Kapitel.

Siebentes Kapitel.

Achtes Kapitel.

Neuntes Kapitel.

Zehntes Kapitel.

Register.

Druckfehler.

Seite 48, Zeile 6 von oben lies: Zone statt Zonen.
„ 54, „ 18 „   „   „   verschiedene statt verschiedenen.
„ 61, „ 23 „   „   „   Crusoliensis statt Crussoliensis.
„ 64, „   2 „ unten „   gespaltenen statt gespaltene.
„ 79, „   3 „   „   „   liparus statt liparis.

Einleitung.

Wenn wir eine jener Formationen, in welche man die ge-
schichteten Gesteine der Erdrinde eingetheilt hat, von unten nach
oben, also von den älteren zu den jüngeren Ablagerungen fortschreitend, nach ihren organischen Einschlüssen durchsuchen, so
machen wir die Beobachtung, dass fortwährend von Schicht zu
Schicht neue Thier- und Pflanzenformen auftreten; gleichfalls
nimmt man aber auch wahr, dass die für ältere Schichten charakteristischen organischen Formen sich gegen jüngere Ablagerungen
hin ebenso allmählich wieder verlieren: Fauna und Flora erhielten sich während der lange andauernden Bildungsperiode einer
Formation also nicht constant, sondern waren vielmehr von
der Ablagerung der ältesten bis zur jüngsten Schicht in einer
fortwährenden Umbildung begriffen. Wesentlich auf diese Er-
fahrung gründet sich auch die Zergliederung der Formationen
in kleinere Schichtengruppen oder Zonen. So konnte z. B. die
Juraformation in mehr als dreissig paläontologisch gut charakterisirte Zonen oder Unterabtheilungen zerlegt werden. In jeder
dieser Zonen zeigt nämlich insbesondere die Fauna wieder einen
etwas anderen Charakter, und wenn auch manche organische
Formen fast ohne Veränderung durch mehrere derselben hindurch-
setzen, so hat doch jede Zone ihre bestimmten „Leitfossilien“,
d. h. versteinerte Organismenreste, welche in keiner anderen dieser Schichtengruppen zugleich vorhanden sind, und mit deren
Hilfe es gelingt, diese Zonen über grössere Länderstrecken, wo
jurassische Ablagerungen zu Tage treten, zu verfolgen, auch

Würtenberger, Ammoniten.   1 wenn der petrographische Charakter derselben dem stärksten Wechsel unterworfen ist.

Die Verschiedenheit zwischen den organischen Einschlüssen zweier Zonen einer Formation ist um so geringer, je kleiner die Altersdifferenz zwischen diesen Zonen selbst ist; aber um so grösser, je weiter die Zonen in ihrer Stufenfolge auseinanderliegen, d. h. je grösser der Unterschied ihres relativen Alters erscheint. Die organischen Formen zweier unmittelbar aufeinander folgenden Zonen lassen entweder gar keine Unterschiede wahrnehmen, oder die Abweichungen sind meistens nur so klein, dass die Formen der jüngeren Schichten blos als die wenig veränderten Varietäten oder Nachkommen der Formen der älteren Schichtengruppe erscheinen. Liegen dagegen die beiden Zonen in der Scala der betreffenden Formation bedeutend weiter auseinander, so sind die gemeinsamen Formen auch viel seltener, und die übrigen zeigen grössere Unterschiede. In den dazwischen liegenden Zonen lassen sich dann aber vielfach die verbindenden Zwischenglieder auch der stark von einander abweichenden Formen auffinden.

Wo während eines ganzen geologischen Zeitalters die Ablagerung der Schichten in ununterbrochener Folge und mit so grosser Regelmässigkeit vor sich ging und fortwährend so ausserordentliche Mengen organischer Formen von den Ablagerungen eingehüllt und vor zerstörenden Einflüssen bis heute bewahrt blieben, wie im Jura, da werden wir also in den Stand gesetzt, Beobachtungen darüber anzustellen, in welcher Weise die Organismen im Laufe geologischer Zeiträume sich mit den wechselnden Existenzbedingungen abänderten. Und zwar werden uns besonders diejenigen organischen Wesen der Juraperiode die vollständigsten Entwickelungsreihen überliefert haben, welche an der Bevölkerung jener urweltlichen Meere, aus deren Absatz die Schichten des Jura entstanden sind, einen hervorragenden Antheil genommen haben — und hierher gehören die schalenbauenden Mollusken oder Weichthiere. Unter diesen selbst sind es aber insbesondere wieder die Ammoniten, deren Studium in dieser Richtung schon deshalb ein hervorragendes Interesse gewinnt, weil dieselben sich im Laufe geologischer Zeiträume verhältnissmässig rascher oder weniger langsam abänderten, als dies bei manchen andern Weichthiergruppen der Fall war. So lassen

sich oft schon beim Durchsuchen von nur wenigen jurassischen
Zonen Entwickelungsreihen erkennen, als deren Anfangs- und
Endglieder Formen erscheinen, die ganz bedeutend von einander
abweichen.

Ich will nun versuchen, auf den folgenden Blättern für eine
grössere Gruppe jurassischer Ammoniten, mit deren Studium ich
mich seit längerer Zeit mit Vorliebe beschäftigt habe, die Entwickelungsgeschichte zu begründen. Es wurden die mitzutheilen-
den Resultate hauptsächlich bei der Untersuchung eines reichhaltigen
Materials gewonnen, welches sich grösstentheils ansammelte, als
mein Vater und ich gemeinschaftlich während längerer Zeit einen
grösseren Bezirk des badischen Jura eingehender untersuchten.*)
Ein Theil meines Untersuchungsmaterials stammt ausserdem aus
verschiedenen andern Jura-Gegenden.

Von den in der Folge zu betrachtenden Ammonitenformen
existirt bereits eine Anzahl guter Abbildungen in der Literatur.
Die Werke, denen sie angehören, hatten jedoch zunächst meistens
geognostische Zwecke im Auge, und ausser einigen zerstreuten
Bemerkungen über die Verwandtschaftsverhältnisse einzelner Arten
wurden die genetischen Beziehungen dieser Ammoniten weiter
nicht erörtert.**) In der folgenden Darstellung werde ich mich
nun jeweils auf diese Abbildungen beziehen, so dass dieselben
gewissermassen den Atlas zu dieser Arbeit bilden. Es sind dieselben schon um so eher zugänglich, als sie eigentlich nicht so
sehr in der Literatur zerstreut sind. Auch wer nicht alle oder
nur den kleineren Theil der citirten Abbildungen zur Vergleichung hat, wird sich an der Hand unserer Darstellung doch einen Begriff von mancher interessanten Entwickelungsreihe bilden können.
Besser wird jedoch derjenige daran sein, dem zu den Abbildungen
noch eine reichhaltige Sammlung von Naturexemplaren zur Verfügung steht, oder der Gelegenheit hat, die Vertheilung der
Ammoniten in den Schichten des Jura selbst zu studiren. Ich

---

*) F. J. u. L. Würtenberger, der weisse Jura im Klettgau und angren-
zenden Randengebirg. Verhandlungen des naturwissenschaftlichen Vereins zu
Karlsruhe. Heft 2.
**) Eine Ausnahme machen die neueren Schriften von Neumayr, wie
wir weiter unten noch mehrfach sehen werden.

glaube überhaupt, dass man kaum auf eine andere Weise eine festere Ueberzeugung von der Wahrheit der Descendenztheorie gewinnen kann, als wenn man die Entwickelung der Mollusken durch eine an solchen Einschlüssen reiche Formation hindurch genau verfolgt. Für die folgenden häufiger citirten Werke wurden die davor stehenden Abkürzungen gebraucht. Die in Klammern hinter dem vollständigen Titel stehenden Zahlen geben an, wie viele von den in jedem Werke abgebildeten Ammonitenformen auf den folgenden Blättern zur Betrachtung kommen, so dass der Leser hieraus schon sehen kann, welche Werke die meisten für uns wichtigen Abbildungen enthalten. Es sind dies in erster Linie die Werke von Quenstedt (Ceph.), Oppel (Pal. Mitth.) und d'Orbigny (Terr. jur.). Für die weiter benutzten Werke, welche nicht in diesem Verzeichnisse stehen, wurde im Text immer der ganze Titel angegeben. *)

Favre, Acanthicus-Zone = **Ernest Favre**, la zone à Ammonites acanthicus dans les Alpes de la Suisse et de la Savoie. Im vierten Bande der: Mémoires de la Société paléontologique suisse. Genève, librairie H. Georg, 1877. — (**16.**)

Von diesen Abhandlungen der „Société paléontologique suisse", deren mehrere einen alljährlich erscheinenden Band bilden, kann eine jede einzeln bezogen werden.

Favre, Terr. oxford. = **E. Favre**, description des fossiles du terrain oxfordien des Alpes Fribourgeoises. Im dritten Bande der: Mémoires de la Société paléontologique suisse. Genève, librairie H. Georg, 1876. — (**10.**)

Favre, Voirons = **E. Favre**, description des fossiles du terrain jurassique de la montagne des Voirons (Savoie). Im zweiten Bande der: Mémoires de la Société paléontologique suisse. Genève, 1875. — (**15.**)

*) Vielleicht ist einigen Lesern die Mittheilung erwünscht, dass aus dem paläontologischen Bücherlager der Buchhandlung von R. Friedländer & Sohn in Berlin, NW., Karlstrasse 11, auch die Abhandlungen, welche in Zeitschriften erschienen sind, einzeln für sich bezogen werden können.

Fontannes, Crussol = E. **Dumortier** et F. **Fontannes,** description des Ammonites de la zone à Ammonites tenuilobatus de Crussol (Ardèche). Lyon, librairie II. Georg, 1876. — (21.)

Loriol, Baden = P. **de Loriol,** monographie paléontologique des couches de la zone à Ammonites tenuilobatus de Baden (Argovie). Seconde et troisième partie (tab. 5—23 pag. 33—200). Im vierten und fünften Bande der: Mémoires de la Société paléontologique suisse. Genève, H. Georg, 1877 u. 1878. — (26.)

Loriol, Boulogne = P. **de Loriol** et E. **Pellat,** monographie paléontologique et géologique des étages supérieurs de la formation jurassique des environs de Boulogne-sur-mer. Première partie (tab. 1—10). In der zweiten Hälfte des 23. Bandes der: Mémoires de la Société de physique et d'histoire naturelle de Genève. Genève, II. Georg, 1873—74. — (5.)

Neumayr, Acanthicus-Schichten = M. **Neumayr,** die Fauna der Schichten mit *Aspidoceras acanthicum.* Bildet das sechste Heft des fünften Bandes der: Abhandlungen der k. k. geologischen Reichsanstalt. Taf. 31—43 S. 141—257. Wien, W. Braumüller, 1873. — (16.)

Neumayr, Balin = M. **Neumayr,** die Cephalopodenfauna der Oolithe von Balin bei Krakau. Bildet das zweite Heft des fünften Bandes der: Abhandlungen der k. k. geologischen Reichsanstalt. Taf. 9—15 S. 19—54. Wien, W. Braumüller, 1871. — (11.)

Neumayr, Jurastudien = M. **Neumayr,** Jurastudien: 4) Die Vertretung der Oxfordgruppe im östlichen Theile der mediterranen Provinz. Jahrbuch der k. k. geologischen Reichsanstalt. Bd. 21 Heft 3 Taf. 18—21 S. 355—376. Wien, W. Braumüller, 1871. — (6.)

Oppel, Pal. Mitth. = A. **Oppel,** Paläontologische Mittheilungen aus dem Museum des kgl. bayr. Staates. Zweite Lieferung (wird vom Verleger separat abgegeben): Ueber jurassische Cephalopoden (Fortsetzung). Taf. 51—74 S. 163—266. Stuttgart, Ebner & Seubert, 1863. — (31.)

d'Orbigny, Terr. jur. = A. **d'Orbigny,** Paléontologie française. Terrain oolitiques ou jurassiques. Tome premier, comprenant

les Céphalopodes, tab. 1—231 pag. 1—612. Paris 1842—1849.
— (45.)

Quenstedt, Ceph. = F. A. Quenstedt, die Cephalopoden. Erster
Band der Petrefactenkunde Deutschlands. Taf. 1—36 S. 1
bis 580. Tübingen, L. F. Fues, 1846—1849. — (47.)

Quenstedt, Jura = F. A. Quenstedt, der Jura. Tübingen,
H. Laupp, 1858. — (24.)

Zittel, Stramberg = K. A. Zittel, die Cephalopoden der Stramberger Schichten. Bildet die erste Abtheilung des zweiten Bandes der: Paläontologischen Mittheilungen aus dem
Museum des königl. bayerischen Staates. Taf. 1—24 S. 1—118.
Stuttgart, Ebner & Seubert, 1868. — (8.)

Zittel, Tithon = K. A. Zittel, die Fauna der älteren Cephalopoden-
führenden Tithonbildungen. Bildet die zweite Abtheilung
des zweiten Bandes der: Paläontologischen Mittheilungen aus
dem Museum des königl. bayerischen Staates. Taf. 25—39 S.
119—309. Cassel, Th. Fischer, 1870. — (18.)

Erstes Kapitel.

Der Armaten- oder Aspidoceras-Stamm.

Die Liasplanulaten. — Die Athletagruppe. — Die Perarmaten der
untern Oxfordschichten. — Rückblick.

Im obern Lias (Toarcien, Posidonienschiefer, Lias ε) trifft
man in den Gegenden, wo diese Ablagerungen der Juraformation
gut entwickelt sind, eine Anzahl Ammonitenformen aus der Gruppe
der Planulaten. Die rundlichen Windungen nehmen nur langsam
an Dicke zu und sind wenig übergreifend, d. h. die später folgenden Umgänge verdecken jeweils nur den Rückentheil der vorhergehenden. Die zahlreich vorhandenen, engstehenden Rippen spalten
sich, bevor sie den gerundeten Rücken erreichen, gewöhnlich in
zwei bis drei Aeste, die ununterbrochen über denselben verlaufen.
Es sind diese Ammoniten schon mehrfach vortrefflich abgebildet
worden, und weil sie in der Anzahl der Rippen, in der Spaltung
derselben, sowie in der Form der Windungen variiren, so haben
sie auch bereits schon eine Anzahl Namen erhalten. Ein Bild
von den durch Uebergangsformen eng aneinander geknüpften
Abänderungen dieser Gruppe gibt die Vergleichung etwa der folgenden Abbildungen: Fig. 3 auf Taf. 36 in Quenstedt's Jura
Fig. 23 auf Taf. 28 in dessen Handbuch der Petrefactenkunde
(1. Aufl.), welche Formen als *Ammonites anguinus* bezeichnet werden;
Fig. 8 a, b und 9 auf Taf. 13 in Quenstedt's Cephalopoden
und Fig. 1 und 2 auf Taf. 108 in d'Orbigny's Terrains jurassiques,
welche den Namen *Ammonites communis* erhalten haben; ferner
Fig. 1 und 2 auf Taf. 105 ebendaselbst (*Ammonites Holandrei*).

Auch *Ammonites annulatus* (Quenstedt's Ceph., Taf. 13
Fig. 11 und d'Orbigny's Terr. jur. Taf. 76 Fig. 1 u. 2) bildet
eine interessante Form, an welcher sich nur ein Theil der Rippen
gabelt, während die übrigen einfach über dem Rücken verlaufen.
Unter diesen Planulaten trifft man nun auch noch Abänderungen, die sich dadurch auszeichnen, dass ihre Rippen in der
Nähe des Rückens, da wo sie sich spalten, knotenartig er-
höht oder mit dornigen oder stacheligen Fortsätzen versehen sind.
Bald sind diese Knötchen oder Stacheln kaum bemerkbar oder
auch nur auf den äusseren Windungen angedeutet; auf
anderen Individuen treten sie dann wieder deutlicher hervor und
sind auch auf jüngeren Umgängen schon vorhanden. Als Beispiele
mögen dienen: *Ammonites Braunianus* (d'Orbigny, Terr. jur.
Taf. 104 Fig. 1 und 2), *Amm. mucronatus* (d'Orbigny, Terr.
jur. Taf. 104 Fig. 4—7), *Amm. crassus* (Quenstedt, Cephal.
Taf. 13 Fig. 10 a u. b; Jura Taf. 36 Fig. 1 u. 2; Handb. d.
Petref. Taf. 28 Fig. 22), *Amm. Raquinianus* (d'Orbigny, Terr.
jur. Taf. 106), *Amm. subarmatus* (Quenstedt, Ceph. Taf. 13
Fig. 12), *Amm. Bollensis* (Quenstedt, Ceph. Taf. 13 Fig. 13;
Jura Taf. 36 Fig. 5).

Die ungestachelten Planulaten des Lias beginnen in den
unteren Lagen der Posidonienschiefer, während die gestachelten
und geknoteten Abänderungen vorzüglich in der Oberregion dieser
Zone zu treffen sind. Auch Quenstedt (Jura, S. 251) machte
in Schwaben diese Beobachtung; ebenso weist dieser Forscher
mehrmals darauf hin, wie diese beiden Gruppen eng mit einander
verknüpft seien; besonders hebt er hervor (Jura, S. 252; Ceph.,
S. 174), dass man sehr oft Formen treffe, deren innere Windungen als ungestachelte Planulaten erscheinen, während die
äusseren Umgänge in der oben angedeuteten Weise sich mit
Stacheln oder Knötchen zieren.

Da nun die stachellosen Planulaten des Lias in den Schichten
früher auftreten als die gestachelten und beide Gruppen durch
Uebergangsformen eng mit einander verbunden sind, so muss
man schliessen, dass sich die letzteren aus den ersteren im Laufe
der Zeit entwickelt haben.

Durchsucht man jene mächtigen Ablagerungen, die über der
Liasformation folgen, und die man als braunen Jura oder Dogger

bezeichnet, so trifft man in gewissen Schichten Ammonitenformen, die sich an die gestachelten Planulaten des Lias, namentlich an *Ammonites crassus* oder *Raquinianus*, anschliessen. Es zeigen diese Formen des braunen Jura indess wieder mancherlei Abänderungen; darin stimmen jedoch die verschiedenen Varietäten mit einander überein, dass alle in der Nähe des Rückens mit einer Stachel- oder Knotenreihe auf jeder Seite der Windungen versehen sind, und dass sich diese Erhöhungen immer da auf den Rippen erheben, wo sich letztere zu zertheilen anfangen, um in grösserer Zahl über den gerundeten Rücken zu verlaufen.

Im obersten braunen Jura, den Ornatenthonen (Callovien), tritt aber auch eine bemerkenswerthe Abänderung nach einer neuen Richtung allmählich auf, die uns hier ganz besonders interessirt. Vergleicht man die Figur 1a u. b auf Taf. 16 in Quenstedt's Cephalopoden, welche als *Ammonites athleta* bezeichnet wird, so findet man zwar diese Form noch ganz in der Nähe der gestachelten Planulaten der Lias stehen, indem nämlich die inneren Windungen als Planulat erscheinen und sich erst auf dem äusseren Umgange die Knötchen oder Stacheln einstellen. Nun beobachtet man aber auf grösseren Exemplaren des *Amm. athleta*, wie sich zu dieser äusseren Stachelreihe allmählich noch eine zweite, innere, in der Nähe der Naht- oder Nabelgegend hinzugesellt. Die äussere Reihe ist aber auch hier immer zuerst allein da, und erst im weiteren Verlaufe der Windungen stellt sich die innere Reihe ein. Quenstedt hat im Jura auf Taf. 71 Fig. 1 einen *Amm. athleta* abgebildet, auf dem die innere Knotenreihe gegen die Mündung der Windungen hin gerade beginnt, nachdem die äussere Reihe bereits schon während eines ganzen Umganges vorhanden war. Auf dem daneben gezeichneten Windungsstücke, Fig. 2, treten die inneren Knoten schon ganz deutlich hervor; ebenso auf Fig. 2a, b u. 3 Taf. 16, der Cephalopoden, welches letztere Stück von einem ziemlich grossen Individuum stammt. Quenstedt, der die Athleta-Ammoniten besonders genau untersucht, sowie vortrefflich abgebildet und beschrieben hat, hebt ebenfalls mehrfach ausdrücklich hervor, dass die äusseren Stacheln immer zuerst auftreten und die inneren sich beim weiteren Wachsthum der Schalen dann erst entwickeln. (Quenstedt, Jura S. 538

und dessen Ceph. S. 190.) Die Knoten oder Stacheln sind nicht plötzlich da, sie entwickeln sich nur allmählich auf den Seitenrippen; dies ist auf den Quenstedt'schen Zeichnungen getreu dargestellt. In der Nahtgegend z. B. verdicken sich die Rippen etwas, auch werden sie an dieser Stelle ein wenig höher, und dies geht so fort, bis sich die Stacheln oder Knoten herausgerundet haben. Es ist oft ein ziemlich grosses Windungsstück erforderlich, bis die innere Stachelreihe recht deutlich hervortritt; auch trifft man Individuen, an denen dieselbe gar nie zu einer deutlichen Entwickelung gelangt ist. Dieselbe ist in solchen Fällen auch bei vorgeschrittenem Lebensalter entweder nur durch eine mehr oder weniger in die Augen fallende Verdickung der Rippen in der Nahtgegend oder auch gar nicht angedeutet. Quenstedt nennt solche Formen *Ammonites athleta unispinosus* (Ceph. S. 190 Taf. 16 Fig. 4).

Um bei denjenigen Lesern, welche weniger mit der Paläontologie vertraut sind, einem Missverständnisse vorzubeugen, wollen wir hier gleich einige Bemerkungen über den Erhaltungszustand der eben betrachteten und in der Folge noch zu erwähnenden fossilen Ammonitengehäuse einschieben. Wir haben nämlich soeben von Stacheln der Ammoniten gesprochen, ohne dass dieselben auf den erwähnten Figuren deutlich zu sehen gewesen wären. Dies liegt jedoch nur an dem Erhaltungszustande der Fossilreste. Ein jeder der soeben besprochenen Knoten entspricht in Wirklichkeit einem bisweilen ziemlich langen, mehr oder weniger spitzen Stachel. Es sind solche zur Darstellung gebracht worden in Quenstedt's Jura Taf. 71 Fig. 3 (von *Amm. athleta*) und Fig. 4: Taf. 75 Fig. 14; Taf. 76 Fig. 1; in Oppel's Pal. Mitth. auf Taf. 63 Fig. 2b; Taf. 59; Taf. 71 Fig. 1—3; Taf. 73 Fig. 4 und 5 etc. An den meisten der in unsern Sammlungen befindlichen Exemplaren sind nun freilich diese Stacheln grösstentheils abgebrochen und entweder in der Gesteinsmasse zurückgeblieben, von der die betreffenden Ammoniten eingeschlossen waren, oder sonst verloren gegangen; dass aber die Stacheln in Wirklichkeit wohl an allen der uns hier interessirenden Formen vorhanden waren, dafür sprechen eine Menge thatsächlicher Beweise. Man findet nämlich bei den verschiedensten Formengruppen zuweilen Exemplare, an denen unter günstigen Umständen einzelne dieser Stacheln ganz deutlich erhalten blieben.

Kehren wir nun wieder zu *Ammonites athleta* zurück. An demselben bemerken wir eine weitere interessante Erscheinung, welche von der Entwickelung der Stacheln abhängig ist. Sowie nämlich die Stacheln oder die Knoten, worauf dieselben sassen, deutlicher und kräftiger werden, nehmen die Rippen, welche auf den inneren Windungen ohne Stacheln und auch noch auf dem Windungsstück mit der äusseren Stachelreihe scharf hervortreten (Quenstedt, Ceph. Taf. 16 Fig. 1 a; b und Jura Taf. 71 Fig. 1), immer mehr an Deutlichkeit ab; namentlich auf dem Rücken ist dies besonders der Fall, aber auch auf der Mitte der Seitenflächen, wo sie den unteren Stachel mit dem oberen verbinden, werden sie schwächer und undeutlicher. Wo die Stacheln dann am schönsten entwickelt sich zeigen, sind die Rippen auf dem Rücken ganz verschwunden oder auch nur durch leichte, kaum bemerkbare, wellenförmige Erhöhungen angedeutet; auch auf den Seiten sind an ihrer Stelle dann nur noch niedere Falten zu bemerken (Quenstedt, Ceph. Taf. 16 Fig. 3 und Jura Taf. 71 Fig. 2). Die Windungen zeigen in diesem Stadium meist einen charakteristisch vierseitigen Querschnitt.

Betrachten wir einen *Amm. athleta*, z. B. Quenstedt, Jura Taf. 71 Fig. 1, so können wir daran also mindestens drei Abtheilungen oder Entwickelungsperioden unterscheiden: 1) Den inneren planulatenartigen Anfang (an *Amm. communis*, Quenstedt, Ceph. Taf. 13 Fig. 8 u. 9 erinnernd); 2) das an diesen sich anschliessende einstachelige Windungsstück (dem *Amm. crassus* Quenstedt, Ceph. Taf. 13 Fig. 10 und *Amm. Raquinianus* d'Orbigny, Terr. jur. Taf. 106 Fig. 1 vergleichbar); 3) die nach diesem folgenden zweistacheligen Windungen, welche sich mit denjenigen Formen vergleichen lassen, die der Perarmaten-Gruppe (Quenstedt, Ceph. Taf. 16 Fig. 12 a, b; Jura Taf. 75 Fig. 14 und 15; Oppel, Pal. Mitth. Taf. 63 Fig. 2 a, b und Taf. 64 etc.) angehören und erst in jüngeren Schichten gefunden werden.

Bei den als *Amm. athleta* bezeichneten Ammonitenformen lässt sich nun aber kein bestimmtes allgemein giltiges Mass für jeden einzelnen dieser drei Theile angeben. Man kann nämlich nicht sagen, dass dieselben jedesmal bis zu einem bestimmten

Durchmesser als Planulat erscheinen oder bei einem anderen ebenso bestimmten Masse jedesmal aufhören einstachelig zu sein. Es lässt sich blos angeben, dass immer zuerst der Planulat erscheint, dann hierauf das einstachelige Windungsstück folgt und erst nach diesem bei weiterem Wachsthum die zweistacheligen unberippten Umgänge auftreten; aber in der Grösse dieser drei Abtheilungen weichen die einzelnen Individuen ziemlich bedeutend von einander ab. Man darf z. B. nur die Quenstedt'-schen Figuren des *Ammonites athleta* mit einander vergleichen, um sich hiervon zu überzeugen. Bei Fig. 2 auf Taf. 16 der *Cephalopoden* sind die zwei Knotenreihen schon deutlich sichtbar und die Rippen auf dem Rücken schon nahezu verschwunden (vergl. hierüber die Beschreibung Quenstedt's Ceph. S. 190) bei einem Durchmesser, bei welchem an Fig. 1 Taf. 16 der Ceph. und an Fig. 1, Taf. 71 im Jura die inneren Knoten oder Stacheln noch gar nicht angedeutet sind und auch die Rippen noch kräftig über den Rücken hinwegsetzen. Man kann also sagen, dasjenige Individuum von *Amm. athleta*, welches von Quenstedt in den Cephalopoden auf Taf. 16 als Fig. 2 dargestellt wurde, habe sich rascher entwickelt als die beiden Exemplare, welche in den Ceph. Taf. 16 als Fig. 1 und im Jura auf Taf. 71 als Fig. 1 dargestellt wurden.

Ueber denjenigen Schichten des obersten braunen Jura oder der Kelloway-Gruppe (Callovien), welche den Ammonitenformen, die man allgemein als *Amm. athleta* bezeichnet, zum Lager dienen, folgen dann die Ablagerungen der Oxford-Gruppe, zunächst die Zone des *Amm. cordatus* und darüber die in manchen Gegenden an Petrefacten so reichen Schichten, welche man als Zone des *Amm. transversarius*, Oegirschichten oder Birmensdorfer Schichten zu bezeichnen pflegt, und die zum untersten weissen Jura gerechnet werden.

In diesen unteren Lagen der Oxford-Gruppe finden sich nun Ammoniten, welche noch ganz den oben geschilderten Charakter des *Ammonites athleta* zeigen; es lassen sich an denselben noch genau jene drei Wachsthumsperioden, welche wir an *Amm. athleta* kennen lernten, beobachten; jedoch sind hier die ersten beiden dieser Entwickelungsstufen meistens noch mehr nach den inneren Windungen zurückgedrängt, d. h. noch auf jugendlichere Altersstufen beschränkt als bei gewissen oben erwähnten tiefer liegenden Formen des *Amm. athleta*: die zwei Stachel- oder Knotenreihen erscheinen noch früher als dort. Oppel hat auf Taf. 63 Fig. 3 a, b seiner Paläontologischen Mittheilungen die etwas verdrückten inneren Windungen eines solchen aus den Transversarius-Schichten stammenden Ammoniten abgebildet, denselben aber nicht mehr zu *Amm. athleta* gestellt, sondern *Amm. Rotari* genannt. Und doch wird Niemand bestreiten wollen, dass sich diese Form auf das Engste an die übrigen tiefer liegenden Varietäten des *Amm. athleta* anschliesst. Auch wer nicht Gelegenheit hat, diese Uebergänge an Naturexemplaren zu studiren, der wird sich durch die Vergleichung der Quenstedt'schen und Oppel'schen Zeichnungen hiervon überzeugen; denn *Amm. athleta* Quenstedt, Ceph. Taf. 16 Fig. 2 liegt gerade etwa in der Mitte zwischen *Amm. Rotari* Oppel, Pal. Mitth. Taf. 63 Fig. 3 und denjenigen Formen des *Amm. athleta*, welche von Quenstedt im Jura auf Taf. 71 Fig. 1 und in den Ceph. auf Taf. 16 Fig. 1 abgebildet wurden.

Die Rotari-Ammoniten der Transversarius- oder Oegirschichten sind aber auch wieder nicht wie nach einem einzigen Modelle gebaut; sie variiren ebenfalls und zwar hauptsächlich in Bezug auf die Dauer jener drei Entwickelungsstufen. Dies geht so weit, dass man Formen trifft, an welchen die dritte Wachsthumsperiode schon so früh und also vorherrschend auftritt, dass man die ersten zwei Entwickelungsperioden auf den innersten Windungen aufsuchen muss (Oppel, Pal. Mitth. Taf. 63 Fig. 2, Taf. 64; Quenstedt, Ceph. Taf. 16 Fig. 12, Jura Taf. 75 Fig. 14 u. 15 etc.) und daher leicht übersehen oder bei einem etwas mangelhaften Erhaltungszustand gar nicht beobachten kann. Durch den Eindruck dieser vorherrschend unberippten Windungen mit zwei Stachelreihen geleitet, hat man diese Formen scharf von der Athleta-Gruppe abgetrennt und als *Amm. perarmatus*, *Oegir* etc. beschrieben. Wo indess der Erhaltungszustand solcher Ammonitengehäuse eine genaue Untersuchung der innersten Windungen erlaubt, findet man, dass der erste Anfang (wie dies auch bei den eigentlichen Planulaten der Fall ist) ganz glatt erscheint, dass sich dann schwache Planulatenrippen einstellen, die sich gegen den

Rücken hin sehr bald mit Knötchen besetzen. Beim Weiterwachsen beginnt dann alsbald auch die Entwickelung der Erhöhungen in der Nahtgegend; es ist aber oft noch ein ziemlich grosses Windungsstück erforderlich vom ersten Auftreten der äusseren Stachelreihe bis zur deutlichen Entwickelung der innern Stacheln oder Knoten; öfters erreichen auch diese letzteren kaum je die Stärke der äusseren Knotenreihe. Die rudimentären Planulatenrippen in der Rückengegend lassen sich bisweilen auch noch ziemlich weit nach aussen hin verfolgen.

Ich meine, solche Thatsachen beweisen zur Genüge, wie eng die Perarmaten-Ammoniten des unteren weissen Jura mit denjenigen Formen verknüpft sind, die man aus dem obersten braunen Jura als *Amm. athleta* aufführt. Die Perarmaten sind aus verschiedenen Gegenden mehrfach abgebildet und beschrieben worden; auch haben sie schon mehrere Namen erhalten; jedoch gelang es nicht, die angenommenen Arten scharf auseinander zu halten oder etwa bestimmte Grenzen für dieselben anzugeben. Es weichen alle diese zweistachelreihigen Ammoniten des unteren weissen Jura nicht wesentlich von einander ab: allerdings hat der eine etwas schlankere, der andere etwas dickere Windungen; bald beginnen die Stacheln etwas früher, bald etwas später; bald sind sie etwas kräftiger oder zahlreicher, bald etwas schwächer oder weniger zahlreich; oft treten die seitlichen Falten oder Rippen deutlich hervor, oft sind sie auch kaum angedeutet u. s. w. — es läuft dies aber vielfach nur darauf hinaus, dass eben, wie überall in der Natur, kein Individuum dem anderen in allen Einzelheiten vollständig gleich ist. In einer für uns wichtigen Beziehung stimmen indess wohl alle Perarmaten-Ammoniten überein. Wenn nämlich der Erhaltungszustand dieser Formen auch nicht immer den planulatenartigen Anfang deutlich erkennen lässt, so bemerkt man doch, dass die äussere Stachelreihe durchweg früher auftritt als die innere, oder dass auf den inneren Windungen die Stacheln oder Knoten in der Rückengegend schon kräftig entwickelt sich zeigen bei einem Alter der Ammoniten, wo diejenigen der Nahtgegend erst kaum angedeutet sind. (Man vergl. hierüber auch Quenstedt, Jura S. 612 und 613.) Es ist dies auch an manchen naturgetreu dargestellten Figuren zu erkennen; man vergleiche z. B. Quenstedt, Jura Taf. 75 Fig. 14 (*Amm. Oegir*), Taf. 75

Fig. 15 (*Amm. perarmatus oblongus*): Oppel, Paläontolog. Mitth. Taf. 63 Fig. 2 a, b (*Amm. Oegir*); Taf. 64 Fig. 1 a, b (*Amm. eucyphus*) und Fig. 2 a, b (*Amm. hypselus*); d'Orbigny, Terr. jur. Taf. 185 Fig. 2 u. 3 (*Amm. perarmatus*): Neumayr, Jurastudien Taf. 20 Fig. 1 a—c (*Amm. perarmatus*); Favre, Voirons Taf. 5 Fig. 1 a, b u. 2 a, b (*Amm. perarmatus*), Fig. 4 a, b (*Amm. Oegir*). Man bezeichnet jene Formen der Transversarius-Schichten, wo die inneren Knoten sich schon ziemlich früh geltend machen, meistens als *Amm. Oegir*, während man dann diejenige Varietät, welche dicht über dem Lager des *Amm. athleta* sich findet, und die sich noch durch etwas späteres Erscheinen der inneren Knoten auszeichnet, als *Amm. perarmatus* aufzuführen pflegt. Es gibt übrigens auch Paläontologen, welche den *Amm. Oegir* mit dem *Amm. perarmatus* vereinigen, denn eine bestimmte Grenze zwischen diesen beiden Formen lässt sich allerdings nicht angeben. Bemerkenswerth bleibt es jedoch immerhin, dass der echte *Amm. perarmatus*, der wegen dem späteren Erscheinen seiner inneren Stachelreihe eine Mittelstellung zwischen *Amm. Oegir* und *Amm. athleta* einnimmt, auch wirklich vorherrschend eine Schichtengruppe charakterisirt, die zwischen dem Lager der beiden letztgenannten Arten liegt, nämlich die Zone des *Amm. cordatus*.

Aus unseren bisherigen Vergleichungen, die wir zwischen mehreren Ammonitentypen verschiedener Zeitabschnitte der Juraperiode anstellten, haben wir somit die Ueberzeugung gewonnen, dass hier viel innigere verwandtschaftliche Beziehungen stattfinden, als man bisher anzunehmen geneigt war. Es stellte sich heraus, dass hier die verschiedenen Formengruppen, welche man für mehr oder weniger scharf begrenzt hielt, die eng aneinander sich anschliessenden oder unmerklich in einander verlaufenden Glieder einer Entwickelungsreihe darstellen. Wenn man diese Formen durch die Schichten hindurch verfolgt, indem man bei den älteren beginnt und zu den jüngeren Ablagerungen fortschreitet, so beobachtet man, wie gewisse Sculpturen der Schalen zuerst nur andeutungsweise erscheinen, wie dieselben dann allmählich stärker hervortreten, bis sie in noch jüngeren Schichten vorherrschen; parallel hiermit geht dann ein ebenso allmähliches Verschwinden derjenigen Sculpturen, welche für die älteren Schalen charakteristisch waren, so dass zuletzt Formen zum Vorschein kommen, welche bedeutend von den älteren abweichen, und die man somit aber nur als die veränderten Nachkommen dieser letzteren betrachten kann.

Die Planulaten der unteren Posidonienschiefer setzen in jüngeren Ablagerungen dieser Zone auf den Seitenrippen in der Nähe des Rückens Knötchen oder Stacheln an; es zieht sich dieser Typus durch den braunen Jura hindurch, und in den oberen Schichten dieser Formation bemerken wir, wie zu dieser immer kräftiger hervortretenden äusseren Stachelreihe sich allmählich noch eine zweite innere Reihe in der Nähe der Naht entwickelt; die Planulatenrippen treten immer mehr zurück, bis wir sie im untern weissen Jura kaum mehr angedeutet, die zwei Stachelreihen aber vorherrschend und kräftig entwickelt finden. .

Diese während langer geologischer Zeiträume erfolgte Entwickelung der Perarmaten finden wir nun bei jedem Individuum wiederholt. Es wurde in den vorstehenden Zeilen hauptsächlich hervorgehoben, dass die Athleta- und Perarmaten-Ammoniten auf den innersten Windungen mehr oder weniger als Planulaten erscheinen, dass dann die Stacheln in der Rückengegend zuerst allein auftreten und erst beim weiter fortschreitenden Wachsen der Schale sich auch die innere Stachelreihe entwickelt, während die Rippen allmählich ganz verschwinden.

Wir haben bis jetzt somit folgenden Satz gewonnen: Die Armaten des oberen braunen und unteren weissen Jura sind die veränderten Nachkommen der älteren jurassischen Planulaten; sie haben sich aus den letzteren während langer Zeiträume nach und nach entwickelt.

Es ist bemerkenswerth, dass die Paläontologen über die Grenzen der Planulaten und jener zum Theil sehr zierlichen, mit einer oder zwei Stachelreihen versehenen Ammoniten, die man als Armaten bezeichnet oder nach Zittel als Gattung Aspidoceras zusammenfasst, überhaupt nie einig waren und namentlich in der Stellung des *Ammonites athleta* bedeutend von einander· abweichen. Quenstedt (Ceph. S. 189 und Handb. der Petr. S. 372) stellte denselben vermöge seiner zwei Stachelreihen auf den äusseren Windungen und der Ausbildung der Loben zu den Armaten. Zittel (Tithon, S. 220) dagegen versetzt denselben wegen der Berippung der inneren Windungen zu den Planulaten (Gattung *Perisphinctes* Waagen) und macht darauf aufmerksam, dass bei den echten Planulaten zuweilen eine ähnliche Lobenbildung vorkomme wie bei *Amm. athleta*, und dass dieser letztere überhaupt die Kluft zwischen den Geschlechtern *Aspidoceras* und *Perisphinctes* überbrücken helfe.

Zweites Kapitel.

Der Armaten- oder Aspidoceras-Stamm.

(Fortsetzung.)

Die Perarmaten der oberen Oxfordschichten. — Die Babeanus-Gruppe. — Die Bispinosen. — Die Circumspinosen. — Die Cycloten

Je mehr wir uns von dem Lager des *Ammonites athleta* entfernen, indem wir zu immer jüngern Schichten fortschreiten, desto stärker tritt bei seinen Nachkommen die Neigung hervor, recht früh den ausgeprägten Armatentypus anzunehmen. Oppel bildet auf Taf. 64 seiner Paläontolog. Mittheilungen zwei Perarmaten (*Amm. hypselus* und *Amm. eucyphus*) ab, wie man sie in der Zone des *Amm. bimammatus*, welche auf die Transversarius-Schichten folgt, zuweilen findet. Solche Formen bewaffnen sich schon in früher Jugend mit sehr kräftigen Stacheln. Man vergleiche auch Quenstedt's *Amm. perarmatus oblongus* von der Lochen (Jura Taf. 75 Fig. 15), welcher ebenfalls aus der Bimammatus-Zone stammt. Bei den Perarmaten aus diesem Horizonte erscheinen die Windungen auch mehr oder weniger in die Breite gezogen; namentlich die äusseren Umgänge zeigen dann nicht mehr jenes schlanke Aussehen wie bei den Oegirformen der tieferen Schichten: die Scheiben sind merklich dicker geworden. Um sich dies klar zu machen, vergleiche man etwa den breitmündigen

Ammonites hypselus, Oppel, Pal. Mitth. Taf. 64 Fig. 2 b mit dem auf Taf. 63 als Fig. 2 b dargestellten *Amm. Oegir*, oder mit der von Neumayr von dieser Species gegebenen Abbildung (Jurastudien Taf. 20 Fig. 2b), da die Figur bei Oppel eigentlich nur die inneren Umgänge von *Amm. Oegir* vorstellt.

Zu diesem Breiterwerden der Windungen bei den Perarmaten der Bimammaten-Schichten gesellt sich dann öfters auch eine stärkere Wölbung des Rückentheiles der Ammonitenschale. Oppel konnte seinen *Amm. hypselus* (Pal. Mitth. Taf. 64 Fig. 2) meist nur deshalb von *Amm. Babeanus* (d'Orbigny, Terr. jur. Taf. 181) abtrennen, weil letzterer einen etwas gewölbteren Rücken zeigt (vgl. hierüber Oppel, Pal. Mitth. S. 229). An einem andern Orte (Juraformation S. 687) vereinigt indess Oppel mit *Ammonites Babeanus* die von Quenstedt in den Cephalopoden Taf. 16. Fig. 12 a, b abgebildete Form, welche der letztere noch zu *Amm. perarmatus* zieht. Wir sehen somit wieder, wie eng auch dieser *Amm. Babeanus* mit den übrigen Perarmaten, namentlich mit jenen aus der Zone des *Amm. bimammatus*, verknüpft ist. Es lässt sich eben hier wieder keine scharfe Grenze ziehen; man kann nicht genau sagen, wo in dieser Formenreihe die Perarmaten aufhören und die Babeanus-Gruppe beginnt.*) Eine weitere sich hier anschliessende interessante Form wurde von E. Favre, aus dem Voirons-Gebirge in Savoyen und aus den Freiburger Alpen in jugendlichen Exemplaren unter dem Namen *Ammonites Hominalis* abgebildet und beschrieben. (Vgl. E. Favre, Voirons Taf. 4 Fig. 4 a—c und 5 a, b; Terr. oxford. Taf. 6 Fig. 1 a, b.) Dieser *Amm. Hominalis* erinnert noch sehr an die echten Perarmaten, mit denen er viel Gemeinsames hat; durch seine gewölbte Rückenpartie schliesst er sich andrerseits aber auch wieder so eng an *Amm. Babeanus* an, dass er sich kaum von diesem trennen lässt.

*) Es ist bemerkenswerth, dass nach den Untersuchungen von Tribolet (Bull. de la Soc. géol. de France 3. ser. t. IV p. 259 — Jahrb. f. Min. 1877 S. 652) *Ammonites Babeanus* im Départ. de la Haute-Marne einem Horizonte angehört, welcher über dem Hauptlager des *Amm. Oegir* (Tribolet's Zone des *Amm. Martelli*) sich anschliesst. Er ist für diese Schichten so charakteristisch, dass Tribolet dieselben als Zone des *Amm. Babeanus* bezeichnet.

Wenn wir uns von der Bimammatuszone zu jenen jüngeren Ablagerungen begeben, welche gewöhnlich als Zone des *Ammonites tenuilobatus*, *polyplocus* oder *acanthicus* zusammengefasst werden, so treten uns unter den hier reichlich vertretenen Armaten- oder Aspidoceras-Ammoniten Formen entgegen, die zum Theil noch in innigster Beziehung zu der Gruppe des *Amm. Babeanus* und *Hominalis* stehen; jedoch bemerkt man hier oben fast durchweg wieder einen weiteren Fortschritt in der bei jenen tiefer liegenden Formen schon angedeuteten Variationsrichtung: es ist nämlich bei den Aspidoceras-Formen der Polyplocus-Schichten der Rückentheil der Windungen meist noch mehr herausgewölbt und in Folge dessen die äussere Stachelreihe noch weiter gegen die Mitte der Seitenflächen gerückt, als dies bei der Babeanus- und Hominalis-Gruppe der Fall war; auch sind die Umgänge sehr oft noch mehr in die Breite gezogen, und der Nabel ist gewöhnlich auch etwas enger geworden. Als Erläuterung hierzu mögen etwa folgende Figuren dienen: *Amm. iphicerus* (Oppel, Pal. Mitth. Taf. 60 Fig. 2 a, b), *Amm. binodus* (Quenstedt, Ceph. Taf. 16 Fig. 10 a, b), *Amm. longispinus* (Favre, Voirons Taf. 6 Fig. 5 a, b), *Amm. longispinus* (Favre, Acanthicus-Zone Taf. 7 Fig. 7 und 8), *Amm. longispinus* (Loriol, Boulogne Taf. 2 Fig. 2 a, b), *Amm. bispinosus* (Quenstedt, Jura Taf. 95 Fig. 25), *Amm. Caletanus* (Favre, Acanthicus-Zone Taf. 7 Fig. 6 a, b)*). Zur Vergleichung mag man auch noch den schon etwas tiefer liegenden *Amm. atavus* (Oppel, Pal. Mitth. Taf. 58 Fig. 3 a, b) beiziehen.

Man hat diese Formengruppe der aufgeblähten Armaten aus den Polyplocus-Schichten als zweistachelreihige Inflaten aufgeführt: wir wollen sie hier der Kürze wegen als B i s p i n o s e n zusammenfassen. Eine bestimmte Grenze dieser Bispinosen gegen die Babeanus-Gruppe lässt sich nicht angeben; es mag dies schon aus der Vergleichung der citirten Figuren einleuchten, noch klarer wird es jedoch demjenigen, der Gelegenheit hat, diese Formen in reichhaltigen Sammlungen zu studiren oder dieselben in grösserer Zahl in den Schichten des Jura selbst zu sammeln. Man könnte

---

*) Ist übrigens nicht der echte *Amm. Caletanus* d'Orb., wie wir weiter unten sehen werden.

hier indess einwenden, dass sich aber ja in der Ausbildung der Loben zwischen der Bispinosen- und der Babeanus-Gruppe oder jener der Perarmaten doch schärfere Unterschiede geltend machen. Es ist dies allerdings ganz richtig, aber wir werden weiter unten Gelegenheit finden, uns zu überzeugen, dass hinsichtlich der Lobenlinien bei den Armaten die Veränderungen ebenso allmählich auftreten, wie wir dies für die Form der Windungen und die dieselben charakterisirenden sogenannten Sculpturen erkannt haben. Wir werden also die Bispinosen der Polyplocus-Schichten zunächst als die veränderten Nachkommen der Gruppe der *Ammonites Babeanus* und *Hominalis* aufzufassen haben, welche letzteren dann selbst wieder, wie wir weiter oben gesehen haben, von den Perarmaten abstammen. Man kann somit die Bispinosen als Perarmaten auffassen, an welchen die Seiten der Windungen mehr von einander entfernt sind und der Rückentheil bedeutend herausgewölbt erscheint, so dass die äussere Stachelreihe etwa die Mitte der Seiten zwischen Sipho und Naht einhält. Der Querschnitt der Windungen erscheint deshalb gerundeter; auch nehmen die Umgänge schneller an Dicke zu als bei den Perarmaten. Auf die innige Verwandtschaft der Bipinosen oder zweistachelreihigen Inflaten mit den Perarmaten hat indess auch Quenstedt schon aufmerksam gemacht; derselbe spricht sich im Jura S. 611 bei Beschreibung des *Ammonites bispinosus* in folgender Weise aus: „Der Rücken der echten Species (*Amm. bispinosus*) springt in weiter Rundung vor, das schliesst ihn noch eng an den *inflatus* an. Freilich kommen dann wieder viele Abweichungen. Bei der Beurtheilung derselben kommt es hauptsächlich auf die Lage der Stacheln in der Oberreihe an, mit dem Herantreten zum Rücken wird die Verwandtschaft mit *perarmatus* immer grösser, und in der Mitte weiss man nicht, wie man sie benennen soll." Auch sind die Paläontologen hinsichtlich der Abgrenzung der Formen oder Arten der Bispinosen-Gruppe in Verlegenheit und gar nicht einig, indem eben diese Arten durch Uebergangsformen alle auf das Innigste mit einander verknüpft sind, worauf besonders auch Zittel (Stramberg S. 118 und Tithon S. 195) aufmerksam macht und die Vereinigung von *Ammonites bispinosus, iphicerus, hoplisus* und *longispinus* befürwortet. Pictet (Mélanges paléontologiques, IV, S. 239)

vereinigt sogar mit *Amm. iphicerus* auch noch den Quenstedt'-
schen *Amm. inflatus binodus.* Neumayr (Acanthicus-Schichten
S. 196), Loriol (Boulogne S. 276) und Favre (Acanthicus-
Zone S. 60) betrachten *Amm. longispinus* Sow., *iphicerus* Opp.
und *hoplisus* Opp. als derselben Art angehörig.

Untersucht man bei der Bispinosen-Gruppe die den verschiedenen Altersstufen entsprechenden Abschnitte der Windungen, so
begegnet man hier einer überraschenden Analogie mit den Perarmaten und der Athleta-Gruppe. An Formen der Polyplocus-
Schichten, die mit *Ammonites iphicerus* (Oppel, Pal. Mitth.
Taf. 60 Fig. 2) übereinstimmen, gelang es mir, durch Absprengen
der äusseren Umgänge das Verhalten der zwei Stachelreihen bis
zu den innersten Umgängen zu verfolgen. Es ergab sich nun,
dass die der inneren Stachelreihe entsprechenden Knoten gegen
die innersten Windungen hin zuerst an Deutlichkeit abnehmen,
bis sie zuletzt g a n z v e r s c h w i n d e n, was zuweilen bei einem
Gehäuse-Durchmesser von 10—15 Mm. schon der Fall ist. Das
nächst innere Windungsstück enthält dann also nur die ä u s s e r e
K n o t e n r e i h e, und hier machen sich dann leichte, aber auch
auf Steinkernen wahrnehmbare P l a n u l a t e n r i p p c h e n bemerklich,
die zu zweien oder dreien von den Knoten ausstrahlen und ununterbrochen über den Rücken verlaufen; ebenso sind leichte
Falten oder Rippchen zu erkennen, die einzeln von einem Knötchen ausgehen und sich gegen die Naht hin erstrecken. Hier
haben wir also auch bei den Bispinosen noch das den einstache-
ligen berippten Windungen der Athleta-Gruppe oder dem *Ammonites crassus* entsprechende Entwickelungsstadium. Aber es hat
diese Entwickelungsstufe keine grosse Ausdehnung mehr, denn
sehr bald nehmen auch die äusseren Knötchen an Deutlichkeit
ab und verschwinden ganz, aber die R i p p c h e n b l e i b e n, sodass
der *Amm. iphicerus* in diesem jugendlichen Alter dann noch als
wirklicher P l a n u l a t e r s c h e i n t. Wenn auch diese Entwickelungsstufen dann zuweilen wieder so nahe zusammengedrängt erscheinen, dass sie kaum deutlich zu unterscheiden
sind, so bemerkt man doch durchweg, dass bei den Bispinosen-
Ammoniten gegen die jüngsten Windungen hin die innere Stachelreihe in ihrer Entwickelung bedeutend gegen die äussere zurück-
tritt.

Wir begegnen also bei der Entwickelung des Individuums
bei den Bispinosen derselben Gesetzmässigkeit, wie sie weiter oben
für die Perarmaten nachgewiesen wurde. Auch jene jüngeren,
wieder mehrfach veränderten Formen zeigen noch immer einen
planulatenartigen Anfang, an welchem z u e r s t d i e ä u s s e r e
Stachelreihe beginnt, zu welcher sich erst später die zweite innere
hinzugesellt. Auch wenn wir nicht durch die vielen Zwischenglieder den genetischen Zusammenhang der Perarmaten und Bispinosen nachweisen könnten, so würde uns diese Erscheinung
schon auf den richtigen Weg zur Aufsuchung der Stamm-Eltern
der Bispinosen führen.

Die Ammoniten der Bispinosengruppe zeigen sich wieder
nach mehreren Richtungen hin zu Veränderungen geneigt; so
variiren sie namentlich auch in Bezug auf die Form ihrer Windungen. Es lässt sich z. B. eine durch die sachtesten Uebergänge vermittelte Reihe verfolgen, die von den Bispinosenformen
mit weitem Nabel und mässig dicken Windungen ausgeht, und
andrerseits mit Formen abschliesst, die sich durch engen, tiefen
Nabel und weit aufgeblähte, namentlich stark in die Breite ge-
zogene Windungen auszeichnet, auf denen die zwei Stachelreihen
in Folge dieser Formänderung sich oft ausserordentlich nahe gerückt
sind. Das von Quenstedt in den Cephalopoden Taf. 16 Fig.
10 a, b als *Amm. inflatus binodus* abgebildete Exemplar gehört
in diese Formenreihe.

Mehr als solche Aenderungen interessirt uns aber vorderhand
eine andere sich allmählich geltend machende Variationsrichtung,
die für die Entwickelung des Armatenstammes wieder eine ganz
besondere Bedeutung erlangt. An Individuen verschiedener Varietäten der Bispinosengruppe bemerkt man nämlich, dass auf dem
letzten oder äusseren Umgange zuweilen einzelne Stacheln oder
Knoten etwas schwächer entwickelt sind als die übrigen.
Bisweilen sind auch einzelne dieser Erhöhungen g a n z v e r -
s c h w u n d e n, so dass nicht mehr auf jeden Knoten der inneren
Reihe auch ein solcher der äusseren kommt, sondern dass diejenigen der Nahtgegend zahlreicher und z. Th. auch kräftiger erscheinen. Ein Exemplar des *Ammonites iphiccrus*, welches diese
Verhältnisse zeigt, und wie man solche auch öfters in den Polyplocus-
Schichten findet, wurde von Zittel in seinem Werke über die

Fauna der älteren Tithonbildungen auf Taf. 30 Fig. 1 a—c abgebildet. (Man vergleiche auch die von Quenstedt im Jura Taf. 75 Fig. 10 gegebene Abbildung von *Amm. inflatus binodus.*) Wieder bei anderen Individuen der Bispinosen hat dann dieses Defektwerden der äusseren Knotenreihe schon grössere Fortschritte gemacht. Als Erläuterung mögen dienen: Taf. 41 in Neumayr's Acanthicus-Schichten und Taf. 4 Fig. 7 in Favre's Voirons. Solche meist mit *Amm. iphicerus* noch auf's Innigste verknüpfte Formen, bei denen auf dem letzten Umgange die äussere Knotenreihe schon auf mehr oder weniger grössere Strecken ganz verschwunden ist, hat man als *Amm. acanthicus* bezeichnet. Wenn man Gelegenheit hat, ein grösseres Material von den in dieser Richtung veränderten Bispinosen zu untersuchen, so überzeugt man sich indess bald, dass sich das Verschwinden der oberen Stacheln oder Knoten nicht auf den äusseren Umgang der grösseren ausgewachsenen Individuen beschränkt, sondern dass diese Variationsrichtung sich ebenfalls wieder von den äusseren zu den inneren Windungen hin fortpflanzt. Von den Acanthicus-Formen, die ihre äusseren oder oberen Knoten erst auf dem letzten Umgange grösstentheils eingebüsst haben, bis zu solchen Formen, wo dieselben bis gegen die innersten Windungen hin verloren gegangen sind, finden sich alle Zwischenformen. Z. B. bei *Amm. bispinosus* (Quenstedt, Ceph. Taf. 16 Fig. 13) und bei *Amm. sesquinodosus* (Fontannes, Crussol Taf. 18 Fig. 6, 6a) fehlen die äusseren Stacheln schon auf jüngeren Umgängen als bei dem echten *Amm. acanthicus,* und bei dem von Fontannes (Crussol Taf. 17 Fig. 4, 4a) als *Amm. Haynaldi* bezeichneten Exemplare sind dieselben auf noch jugendlichere Altersstufen beschränkt. Dies geht dann so fort, bis zuletzt Formen erscheinen vom Typus des *Amm. microplus* (Oppel, Pal. Mitth. Taf. 58 Fig. 4; Favre, Acanthicuszone Taf. 7 Fig. 4), wo man von den äusseren Stacheln auf dem grössten Theil der Windungen gar nichts mehr bemerkt.

Die Neigung zum Verschwinden der äusseren Knoten auf dem letzten Umgange finden wir, wie schon bemerkt, bei ganz verschiedenen Formen oder Arten der Bispinosengruppe ausgesprochen, ja sogar schon bei den Verbindungsgliedern mit den Perarmaten sehen wir diese Variationsrichtung beginnen. So ist dies z. B. der Fall bei *Ammonites Babeanus.* Es ist ganz be-

sonders lehrreich, die Entwickelung dieser Form, welche von
d'Orbigny (Terr. jur. Taf. 181) gut abgebildet und (S. 491)
beschrieben wurde, zu verfolgen. Die Stacheln oder die denselben
entsprechenden Knoten treten auf den inneren Windungen bereits
schon sehr früh auf, aber die äussere Reihe tritt hier noch
bedeutend stärker hervor als diejenige der Nahtgegend; auch
sind auf diesem Theile des Ammoniten noch ziemlich deutliche
planulatenartige Rippen zu bemerken. Auf den folgenden
Umgängen sind dann die äusseren und inneren Knoten auf eine
grössere Strecke gleichmässig entwickelt, bis in einem noch
spätern Lebensalter die äussere Reihe ganz verschwindet, dagegen die innere noch kräftig entwickelt sich zeigt. Bei einem
anderen interessanten Verbindungsgliede der Perarmaten mit den
Bispinosen, bei der von Neumayr (Acanthicus-Schichten Taf. 42
Fig. 3) als *Amm. Haynaldi* abgebildeten Form, sehen wir ebenfalls, wie das Verschwinden der äusseren Stachelreihe schon bedeutende Fortschritte gemacht hat. Sogar schon bei *Ammonites
eucyphus* (Oppel. Pal. Mitth. Taf. 64 Fig. 1a und b), der doch
wohl noch zu den echten Perarmaten zu zählen ist, fängt die
äussere Stachelreihe an defekt zu werden. Je nachdem nun
diese oder jene Form als Ausgangspunkt dient, werden durch das
Abwerfen oder allmähliche Verschwinden der äusseren Knoten
als Endglieder der verschiedenen Entwickelungsreihen auch mehr
oder weniger von einander abweichende einstachelreihige Armatenformen entstehen. Dienen z. B. Bispinosen mit ziemlich weitem
Nabel als Ausgangspunkt, und erhält sich die Nabelweite constant,
so kommen Formen zum Vorschein wie der oben citirte *Amm.
microplus* (Oppel, Pal. Mitth. Taf. 58 Fig. 4) oder wie *Ammonites
Radisensis* (d'Orbigny, Terr. jur. Taf. 203). Eine hierher gehörige Form mit engerem Nabel und dickeren Windungen ist
dann auch *Ammonites contemporaneus* (Favre, Acanthicus-Zone Taf.
8 Fig. 3a—c); diesem entspricht auch eine enger genabelte Bispi-
nosenform. Es sind überhaupt die Bispinosen, welche die äussere
Knotenreihe verlieren, sehr dazu geneigt, den Nabel zu verengern
und die Windungen in die Breite zu ziehen, so dass die
Scheiben schnell in die Dicke wachsen. Von Individuen, welche
bezüglich der Form und Knoten viel Uebereinstimmung mit *Amm.
sesquinodosus* (Fontannes, Crussol Taf. 18 Fig. 6, 6a) und

Haynaldi (Fontannes, Crussol Taf. 17 Fig. 4, 4a) oder auch mit Quenstedt's *Amm. bispinosus* (Ceph. Taf. 16 Fig. 13) zeigen, kann man über *Amm. contemporaneus* (Favre, Acanthicus-Zone Taf. 8 Fig. 3) bis zu *Amm. Altenensis* (d'Orbigny, Terr. jur. Taf. 204; Neumayr, Acanthicus-Schichten Taf. 42 Fig. 2a, b) und weiter bis zu dem engnabeligsten *Amm. circumspinosus* oder *inflatus macrocephalus* (Quenstedt, Ceph. Taf. 16 Fig. 14a, b; Jura Taf. 75 Fig. 8; Favre, Acanthicus-Zone Taf. 8 Fig. 2a, b) alle Uebergangsstufen verfolgen.

An mehreren Exemplaren aus den Klettgauer Polyplocus-Schichten, welche etwa in der Mitte zwischen *Ammonites contemporaneus* (Favre, Acanthicus-Zone Taf. 8 Fig. 3a—c) und *Amm. Altenensis* (d'Orbigny, Terr. jur. Taf. 204) stehen und somit auf den äusseren Umgängen nur die innere Knotenreihe zeigen, konnte ich mich überzeugen, dass weiter gegen das Centrum hin jedoch zwei Knotenreihen vorhanden sind; ja auf einem Theil dieser jugendlichen Windungen wird sogar die innere Reihe noch von der äusseren überflügelt, und noch weiter gegen den Anfang hin ist die innere Reihe noch gar nicht entwickelt, und die äusseren Knoten sind hier allein vorhanden. Hier haben wir also bei den sogenannten „einstachelreihigen Inflaten" auch denselben Entwickelungsgang, wie bei den Bispinosen, Perarmaten und Athleten.

Diese sogenannten „einstachelreihigen Inflaten", die wir der Kürze wegen nach einem ihrer Hauptvertreter, dem *Amm. circumspinosus*, als Circumspinosen bezeichnen wollen, sehen wir somit wieder mit den „zweistachelreihigen Inflaten" oder den Bispinosen auf das Innigste verknüpft. Es haben sich aus den letzteren die Circumspinosen dadurch entwickelt, dass die eine, nämlich die äussere, Stachelreihe allmählich verloren gegangen ist, der Nabel enger wurde und die Windungen sich noch mehr aufblähten als bei den Bispinosen.

Die einstachelreihigen Inflaten oder Circumspinosen bilden eine interessante formenreiche Gruppe, welche neben den Bispinosen namentlich in den Polyplocus-Schichten oder der Zone der *Amm. tenuilobatus* eine bedeutende Rolle spielt, in etwas älteren Schichten aber schon beginnt und bis in die jüngsten jurassischen Ablagerungen fortsetzt. Auf mehrere ihrer interessanten Entwickelungsreihen werden wir weiter unten noch zu sprechen kommen. Um das Bild von dieser Formengruppe zu ergänzen, mögen etwa noch die folgenden Figuren nachgeschlagen werden: *Ammonites liparus* (Oppel, Pal. Mitth. Taf. 59; Favre, Voirons Taf. 6 Fig. 4; Loriol, Baden Taf. 19 Fig. 1). *Amm. Schilleri* (Oppel, Pal. Mitth. Taf. 61). *Amm. Cartieri* (Loriol, Baden Taf. 18 Fig. 2). *Amm. Choffati* (Loriol, Baden Taf. 20 Fig. 1 und Taf. 19 Fig. 4). *Amm. Avellanus* (Zittel, Tithon Taf. 31 Fig. 2 u. 3). *Amm. Lallierianus* (d'Orbigny, Terr. jur. Taf. 208). *Amm. Pipini* (Oppel, Pal. Mitth. Taf. 72 Fig. 3).

Unter den vielfachen Abänderungen, denen man bei den Ammoniten der Circumspinosen-Gruppe begegnet, ist besonders wieder eine, die hier vorläufig unsere Aufmerksamkeit in Anspruch nimmt, indem dieselbe für die Entwickelung des Armatenstammes wieder von besonderer Wichtigkeit erscheint. Man findet nämlich in den Polyplocus-Schichten zuweilen Exemplare der Circumspinosengruppe, bei welchen die Knoten oder Stacheln der noch übrig gebliebenen inneren Reihe auf einem Theil der letzten Windung ebenfalls nur undeutlich entwickelt sind oder auch ganz fehlen, während sie auf den vorangehenden Umgängen noch deutlich hervortreten. Es wurde dies auch schon von d'Orbigny (Terr. jur. pag. 538 Taf. 204) an seinem *Ammonites Altenensis* beobachtet. Besonders in jüngeren Ablagerungen haben dann gewisse Circumspinosen in dieser Beziehung schon wieder weitere Fortschritte gemacht. An Exemplaren, welche aus den jüngsten jurassischen Ablagerungen der Umgebung von Schaffhausen, aus den Wirbelbergschichten stammen, konnte ich beobachten, wie gegen das Ende der Ammonitenspirale hin mehr als ein Umgang vollständig glatt, ohne jede Andeutung von Sculpturen erscheint, während die inneren Windungen mit der Zeichnung, welche Oppel (Paläont. Mitth. Taf. 61) von seinem *Ammonites Schilleri* gibt, übereinstimmen und ursprünglich noch mit kräftigen Stacheln besetzt waren. Auch diese Variations-Richtung pflanzt sich dann mehr und mehr auf die inneren Windungen fort, bis Formen erscheinen wie *Ammonites Neoburgensis* (Oppel, Paläont. Mitth. Taf. 58 Fig. 5 a, b) oder *Amm. cyclotus* (Zittel, Tithon Taf. 30 Fig. 2—5; Favre, Acanthicus-Zone Taf. 8 Fig. 4), an denen auf den deutlich sichtbaren Windungen jede Andeutung von Stacheln, Knoten oder Rippen fehlt. Mit diesen vollständig glatten Cycloten haben wir dann auch das Endglied in der Entwickelungsreihe der Armaten oder der Gattung *Aspidoceras* erreicht.

Drittes Kapitel.

Zusammenfassung der bisher gewonnenen Resultate.

Rückblick auf die geologische Entwickelung des Armatenstammes. — Das Abänderungsgesetz der Ammoniten. — Die Parabelknoten der Planulaten können nicht als beginnende Armatenstacheln aufgefasst werden.

Wir haben somit den Armatenstamm von seinen Wurzeln, von den Planulaten des oberen Lias, bis zu den Cycloten der jüngsten jurassischen Ablagerungen verfolgt und dabei die Ueberzeugung gewonnen, dass jene so verschiedengestalteten Ammonitenformen der Armatenfamilie oder Aspidoceras-Gattung, welche erst im Laufe langer geologischer Zeiträume nacheinander den Schauplatz der Schöpfung betraten, durch Zwischenglieder oder Uebergangsformen derart mit einander verbunden sind, dass es zur Unmöglichkeit wird, die unter ihnen angenommenen Arten scharf gegen einander abzugrenzen. Man beobachtet, dass im oberen Lias die Planulaten auf den Seitenrippen in der Nähe des Rückens Stacheln ansetzen (Crassus-Gruppe); dass dann im obern braunen Jura zu dieser seitlichen Stachelreihe noch eine zweite in der Nahtgegend hinzutritt (Athleta-Gruppe); dass ferner gegen die untern Schichten des weissen Jura hin die Planulaten-Rippen bei diesen zweistacheligen Formen immer mehr zurücktreten (Perarmaten); dass aber auch gegen den mittleren weissen Jura hinauf diese Perarmaten sich mehr und mehr aufblähen (Babeanus-Gruppe), bis zuletzt Formen mit weit auseinander-

stehenden Seiten und stark herausgewölbtem Rücken erscheinen
(Bispinosen). Weiter kann man dann beobachten, wie an solchen
Bispinosenformen die äusseren Stacheln allmählich wieder verschwinden und der Nabel enger wird, bis man zu Ammoniten
gelangt, die vorzugsweise nur noch die innere Stachelreihe zeigen
(Circumspinosen); wie aber dann gegen jüngere Ablagerungen hin
sich zuletzt auch noch diese Nahtstacheln verlieren, so dass dann
Formen mit aufgeblähten, aber ganz glatten Windungen erscheinen
(Cycloten), womit dann der Armatenstamm seinen Abschluss erreicht hat. Wir finden also hier eine deutliche Entwickelungs-
oder Abstammungsreihe, welcher die erwähnten Ammonitengruppen
in dieser Aufeinanderfolge angehören, was uns auch durch den
Entwickelungsgang des Einzelwesens schon angedeutet wird.

Es lässt sich ein interessantes Abänderungsgesetz für diese
Ammoniten erkennen. Wenn nämlich eine Veränderung,
welche für die ganze Gruppe eine wesentliche Bedeutung
erlangt, zum erstenmal auftritt, so ist dieselbe nur auf
einem Theil des letzten Umganges angedeutet. Gegen
jüngere Ablagerungen hin tritt diese Veränderung immer
deutlicher hervor und schreitet dann, dem spiralen Verlaufe der Schale folgend, nach und nach immer weiter
gegen das Centrum der Ammonitenscheibe fort; d. h. sie
ergreift allmählich immer mehr auch die inneren Windungen, je höher man die betreffende Form in jüngere Schichten hinauf verfolgt. Diese Fortpflanzung
der in vorgeschrittenem Lebensalter auftretenden Abänderungen
auf immer jüngere Lebensstufen geht indessen nur langsam
vorwärts, so dass wir an den inneren Windungen mit grosser
Beharrlichkeit die älteren Formzustände wiederholt sehen.

Oft hat sich dann eine solche Aenderung erst eines kleineren
Theiles der Windungen bemächtigt, bis aussen schon wieder eine
neue hinzutritt, welche der ersteren nachfolgt. So sehen wir, die
Schichten von unten nach oben durchsuchend, Veränderung um
Veränderung auf dem äusseren Theile der Ammoniten
beginnen und nach dem Centrum der Scheiben hin
fortschreiten. Die innersten Windungen widerstehen indessen
oft mit grosser Beharrlichkeit diesen Neuerungen, so dass man
auf denselben gewöhnlich mehrere solcher Entwickelungszustände

nahe zusammengedrängt findet. indem die Schale eines
Ammoniten-Individuums mit einem älteren Formen-
typus beginnt und dann jene Veränderungen in derselben Reihenfolge aufnimmt, wie dieselben bei der
geologischen Entwickelung der betreffenden Gruppe
in langen Zeiträumen aufeinander folgten.
Wir hatten in den ersten beiden Kapiteln mehrfach Gelegenheit,
dieses interessante Gesetz an speciellen Beispielen kennen zu lernen,
und in den folgenden Blättern werden wir demselben immer wieder
bei den verschiedensten Ammonitengruppen begegnen. Erinnern
wir uns an *Ammonites athleta*, so erschien derselbe in seiner
Jugend als reiner Planulat, mit scharfen, zwei- bis dreispaltigen
Rippen. Bei einem Durchmesser von etwa einem Zoll stellten sich
dann in den Rückenkanten die Stacheln ein, und dieses Windungsstück zeigte somit den Charakter des *Amm. crassus*. Erst später
erschien dann die zweite Stachelreihe in der Nahtgegend, die
Rippen wurden undeutlicher, und die Windungen nahmen den
Charakter der echten Perarmaten an. Gegen jüngere Ablagerungen hin bemerkten wir dann, wie die beiden Stachelreihen immer weiter gegen das Centrum vorschritten,
bis dieselben im untern weissen Jura bereits den grössten Theil
der Schalen beherrschten und deshalb der Planulat schon ganz
auf den inneren Anfang zurückgedrängt war. Gerade so wie bei
dem Auftreten der Stacheln ein Fortschreiten von aussen nach
innen zu bemerken war, so verhielt es sich auch mit dem Verschwinden derselben, als wir die betreffenden Formen bis zu den
jüngsten Schichten des weissen Jura hinauf verfolgten; es be-
gann dies Verschwinden ebenfalls zuerst auf dem letzten Umgange und pflanzte sich gegen das Centrum
hin fort. Interessante Beispiele, wie sich im Leben des Individuums der geologische Entwickelungsgang der Gruppe wiederholt,
lassen sich besonders an den Aspidocerasformen der oberen Weiss-
juraschichten beobachten. Die Nappberg-Schichten im Klettgau lieferten mir Exemplare, deren Erhaltungszustand für das
Studium der individuellen Entwickelung besonders günstig war.
Dieselben schliessen sich an *Ammonites sesquinodosus* (Fontannes,
Crussol Taf. 18 Fig. 6 und 6a) und *Amm. bispinosus* (Quenstedt,
Ceph. Taf. 16 Fig. 13) an, z. Th. gehören sie zu *Ammonites*

liparus (Oppel, Pal. Mitth. Taf. 59), und besitzen somit auf den äusseren sichtbaren Windungen nur noch die innere um den Nabel gelegene Stachelreihe. Sprengt man an solchen Exemplaren die Umgänge nacheinander sorgfältig ab, so bemerkt man zuinnerst bis zu einigen Millimetern Durchmesser einen ganz glatten Anfang, der sich nach kurzem Verlaufe mit deutlichen Planulatenrippchen bedeckt; sehr bald stellen sich die äusseren Stacheln ein, bald darauf auch die inneren, und von den Rippen ist dann nichts mehr zu bemerken; die Windungen nehmen mehr und mehr an Dicke zu, und gegen die äusseren Windungen hin verschwinden dann die äusseren Stacheln wieder. Wenn man einen solchen Ammoniten nur von aussen betrachtet, ist dieser Entwickelungsgang freilich grösstentheils nicht sichtbar; man muss, um denselben zu erkennen, die innersten Windungen blosslegen.

Hier haben wir also bei dem Einzelwesen genau dieselbe Reihenfolge der Entwickelungszustände, wie wir sie oben für den Armatenstamm im Allgemeinen aufzählten. Selbst die Planulatenrippen, welche bei den liasischen Ahnen dieser Aspidoceras-Formen die Windungen beherrschten, jedoch schon im oberen braunen Jura von den Stacheln verdrängt wurden, bezeichnen noch im obersten weissen Jura bei diesen späten und wesentlich veränderten Nachkommen eine kurze Periode des jugendlichen Alters.

Man kann also bei den jüngsten Sprossen des Armatenstammes in der Entwickelung des Einzelwesens dieselben sechs oder, wenn man das Planulatenstadium noch mitzählt, sieben Perioden unterscheiden, welche die Gruppe im Allgemeinen bei ihrer geologischen Entwickelung während langer Zeiträume durchlaufen hat, nämlich: 1) Planulatenstadium, 2) Auftreten der äusseren Stachelreihe, 3) Auftreten der inneren Stachelreihe, 4) Zurücktreten der Rippen, was z. Th. mit den vorhergehenden beiden Stadien zusammenfällt, 5) Aufblähen der Windungen, 6) Verschwinden der äusseren Stachelreihe, gewöhnlich verbunden mit einem Engerwerden des Nabels, und 7) Verschwinden der inneren Stachelreihe.

Dieses interessante Gesetz, das sich im Leben des Indivi-

duums der geologische Entwickelungsgang der Gruppe wiederholt,
hat beim Studium der Ammoniten auch seine praktische Bedeutung, indem uns dasselbe bei der Aufsuchung des Stammbaums gewisser Ammonitengruppen, für welche die Zwischenglieder noch nicht in dem Masse bekannt sind wie bei den
Armaten, den richtigen Weg weist.

Die genauere Untersuchung eines grösseren Materials, das
ich vielfach selbst den Schichten des Jura entnommen hatte,
führte mich zu den soeben besprochenen Resultaten, über welche
ich bereits schon vor mehreren Jahren einen kürzeren Bericht
erstattete (Ausland 1873 Nr. 1 und 2). Kurze Zeit nachdem
dieser vorläufige Bericht veröffentlicht war, erhielten die darin
mitgetheilten Resultate eine erfreuliche und wichtige Bestätigung
durch das Erscheinen einer Arbeit von Neumayr über die
Fauna der Schichten mit *Aspidoceras acanthicum*. Auf Seite 192
dieses interessanten Werkes theilt Professor Neumayr mit, dass
er bereits vor dem Erscheinen meines Artikels, also ganz selbst-
ständig und ohne von meinen Studien in dieser Richtung etwas
zu wissen, im Wesentlichen zu denselben Resultaten gekommen
sei bezüglich der Armaten- oder Aspidoceras-Gruppe. Nur über
die Stellung des *Amm. athleta* ist Neumayr noch etwas im
Zweifel, und anstatt der Liasplanulaten glaubt derselbe gewisse
Planulatenformen des oberen braunen Jura als die Stamm-Eltern
der Armaten betrachten zu müssen. Ich konnte mich jedoch
von der Richtigkeit der Ansicht Neumayr's in dieser Beziehung
nicht überzeugen, und wir werden im folgenden Kapitel bei Be-
sprechung der Loben der Aspidoceras-Gruppe noch einen weiteren
schwerwiegenden Beweis für den genetischen Zusammenhang der
Liasplanulaten mit der Athleta- und Perarmaten-Gruppe kennen
lernen.

Ueber das Wesen jener sonderbaren Parabelknoten*), denen

---

*) Vergl. *Ammonites curvicosta (convolutus parabolis)* Quenstedt, Ceph.
Taf. 13 Fig. 2. Jura Taf. 71 Fig. 10 u. 11; Neumayr, Balin Taf. 12 Fig.
1 u. 2; *Amm. Bakeriae* d'Orbigny, Terr. jur. Taf. 149 Fig. 1 u. 3; *Amm.
polyplocus parabolis* Quenstedt, Ceph. Taf. 12 Fig. 5; *Amm. Rütimeyeri*
Loriol, Baden Taf. 6 Fig. 4; *Amm. inconditus* Loriol, Baden Taf. 11
Fig. 1, 2, 4.

man bei den verschiedensten Planulaten des braunen und weissen Jura zuweilen begegnet, konnte ich bis jetzt zu keiner befriedigenden Ansicht gelangen, obwohl ich mehrfach Gelegenheit hatte, dieselben genauer zu studiren. Mit den Stacheln der Armaten scheinen mir jedoch diese „parabolischen Schnörkel" eine gar zu geringe Analogie darzubieten, um dieselben mit dem Auftreten jener in Verbindung bringen zu können, wie dies von Neumayr geschieht. Schon die geringe Zahl, in welcher die Parabelknoten gewöhnlich auf den Windungen der Planulaten erscheinen, bietet wenig Aehnlichkeit mit den Armatenknoten; ebenso die Unregelmässigkeit in ihrer Vertheilung: die Zwischenräume, in welchen sie aufeinander folgen, sind auf denselben Individuen bald ziemlich gross, dann wieder viel kleiner. Es gibt Individuen, bei welchen man auf jeder Seite eines Umganges nur einen oder zwei solcher Knoten trifft, wieder bei andern sind sie etwas zahlreicher. Bei Beschreibung des *Ammonites curvicosta* bemerkt Neumayr (Balin S. 36) selbst, dass die Zahl dieser Parabelknoten verschieden sei, mehr als vier oder fünf auf einem Umgang aber wohl meist nicht vorkommen dürften. Nun sind ja aber die Knoten der Perarmaten immer in bedeutend grösserer Zahl vorhanden. Ferner sind diese Parabelknoten durchweg höher gegen den Rücken der Windungen hin gelegen als die Stacheln der Armaten; die Lage der letzteren entspricht immer der Stelle, wo sich die Seitenrippen gabeln, während die Parabelknoten wohl mit wenig Ausnahmen über diese Stelle hinaufgerückt erscheinen. Auch fand ich Exemplare, bei denen dieselben nur auf der einen Seite der Windungen in ziemlicher Anzahl und kräftig entwickelt auftreten, während sie auf der andern Seite vollständig fehlen. Oefters trifft man sie auch da, wo sie auf beiden Seiten der Windungen gut entwickelt sind, über den Rücken hinüber durch jenen charakteristischen Bogen (Quenstedt, Jura Taf. 71 Fig. 11) verbunden, für welchen bei den Armaten jedes Analogon fehlt.

Viertes Kapitel.

Bedeutung der Loben für die Erkenntniss der Entwickelungsgeschichte der Armaten.

Gesetzmässige Veränderlichkeit der Loben. — Verwandtschaft zwischen den Loben der Liasplanulaten und der Armaten. — Die Altenensis-Reihe. — Die Lallierianus-Reihe. — Degeneration. — Aufblühen, Blüthezeit und Verblühen des Armatenstammes.

Bis jetzt haben wir bei unseren Betrachtungen einen sehr wichtigen Theil der Ammonitengehäuse, der für die Systematik dieser Cephalopodengruppe von der grössten Wichtigkeit ist und auch für die Entwickelungsgeschichte werthvolle Anhaltspunkte darbietet, ganz ausser Acht gelassen. Wir meinen die Kammerscheidewände*), welche in ihren mannigfaltigen, vielfach gekrümmten Begrenzungslinien, die sie mit den aufgerollten Schalenröhren bilden — in den sogenannten „Lobenlinien" —, ebenso wichtige Merkmale für die Unterscheidung der Arten, als auch treffliche Anhaltspunkte für die Aufsuchung der phylogenetischen Beziehungen zwischen den verschiedenen Ammonitenformen darbieten, wie wir sogleich sehen werden.

Studirt man nämlich den Verlauf der Lobenlinien der verschiedenen Altersstufen eines Ammoniten, so begegnet man hier oft grossen Abweichungen; namentlich kann man sehr oft beobachten, dass die Loben auf den inneren Windungen viel einfacher gebildet erscheinen als auf den äusseren, und dass sie nach und nach complicirter werden, je mehr man von den inne-

---

*) Diejenigen Leser, welche weniger mit dem Bau der Cephalopodengehäuse und der bei den Beschreibungen gebräuchlichen Terminologie bekannt sind, möchten wir auf die hierauf bezüglichen Abschnitte in Quenstedt's Cephalopoden verweisen, namentlich auf das Kapitel über „gekammerte Cephalopodenschalen" S. 21—39, wo auf S. 34—38 die Loben ausführlicher behandelt sind. Vergl. ferner auch S. 60 u. 72 etc.

ren zu den äusseren Windungen fortschreitet. Ebensolchen Veränderungen begegnet man auch, wenn man die Loben der verschiedenen Ammonitenformen einer Entwickelungsreihe mit einander vergleicht, und auch hier stellt sich oftmals heraus, dass
die jüngsten Glieder der Reihe die complicirtesten Lobenlinien
besitzen. Also auch hierin begegnen wir wieder jenem interessanten Parallelismus zwischen der geologischen und individuellen
Entwickelung; auch hier finden wir während der kurzen Lebenszeit des Individuums den während langer geologischer Zeiträume
abgesponnenen Entwickelungsgang der Gruppe wiederholt.

Zittel*) machte bereits die Mittheilung, dass ihn zahlreiche
Beobachtungen der Scheidewandzeichnungen bei den Arten der
Ammonitengattung *Phylloceras* zu dem Gesetze geführt haben,
dass innerhalb ein und derselben Formenreihe die jüngste Art
fast regelmässig die am stärksten zerschlitzten, überhaupt complicirtesten Sättel besitzt. Ueber diese Verhältnisse spricht sich
dann Zittel in einem späteren Werke (Tithon S. 155) in
folgender Weise aus: „Man hat hier wieder ein Beispiel, dass in
derselben Formenreihe in aufsteigender Ordnung die jüngeren
Glieder die älteren an Complication der Lobenzeichnung übertreffen.
Da sich aber auch an jedem beliebigen Ammoniten-Individuum
eine mit Alter und Grösse zunehmende Verästelung der auf den
ersten Windungen einfachen Lobenlinien nachweisen lässt, so
liegt die Parallele der Entwickelungsgeschichte des Individuums
mit jener der ganzen Formenreihe nahe genug.“

Auch Neumayr**) machte mehrfach die Beobachtung, dass
bei den Formenreihen der Gattung *Phylloceras* von den ältesten
bis zu den jüngsten Gliedern fortschreitend mit strengster Gesetzmässigkeit eine immer stärkere Zerschlitzung der Loben und
somit eine Vermehrung der Sattelblätter eintritt.

Aehnliche Verhältnisse beobachtete auch Waagen bei der

---

*) Zittel, über *Phylloceras tatricum*. Jahrb. d. k. k. geolog. Reichsanstalt, 1869, S. 65.

**) Neumayr, die Phylloceraten des Dogger u. Malm. Jahrb. d. k. k. geol.
Reichsanstalt, 1871, S. 347 u. 348. — Neumayr, die Ammoniten der Kreide
und die Systematik der Ammonitiden. Zeitschr. d. deutschen geol. Gesellsch.
1875, S. 866.

Formenreihe des *Ammonites subradiatus.**) So besitzt z. B. *Amm. fuscus* Quenst., welcher nach Waagen zur Nachkommenschaft des *Amm. subradiatus* Sow. gehört, stärker gezackte und gefranste Loben als sein Stammvater. An Jugendexemplaren jedoch sind die Loben des *Amm. fuscus* denjenigen des *Amm. subradiatus* noch ausserordentlich ähnlich.**) Wenn wir uns bei den Armaten umsehen, so begegnen wir z. B. bei *Amm. Oegir* einer sehr grossen Verschiedenheit zwischen den Loben der inneren und äusseren Umgänge. Bei einem Durchmesser von etwa 10 Mm. zeigen die Loben des *Amm. Oegir* die grösste Aehnlichkeit mit dem einfachen Verlaufe der Lobenlinien, wie sie bei den Liasplanulaten vorherrschen. Ich hatte mehrfach Gelegenheit, solche innere Windungen von *Amm. Oegir* zu beobachten, an denen die Loben kaum von jenen des *Ammonites mucronatus* zu unterscheiden waren, welche d'Orbigny (Terr. jur. Taf. 104 Fig. 8) in fünfmaliger Vergrösserung zeichnet. Haben dann dieselben Oegir-Exemplare einen Durchmesser von etwa 60 Mm. erreicht, so sind die Loben im Wesentlichen von der Form, wie sie Quenstedt (Ceph. Taf. 16 Fig. 3) für ein grösseres Individuum des *Amm. athleta* darstellt; und auf den äusseren Umgängen des *Amm. Oegir* zeigen dieselben dann grosse Aehnlichkeit mit jenen Scheidewandzeichnungen, welche d'Orbigny (Terr. jur. Taf. 184 Fig. 3) für einen grossen Perarmaten dargestellt hat, oder erinnern manchmal auch sehr an die Loben gewisser Bispinosen (Quenstedt, Ceph. Taf. 16 Fig. 10a).

---

*) Vergl. Waagen, die Formenreihe des *Amm. subradiatus*; in Benecke's geognostisch-paläontolog. Beiträgen. II. Band S. 202.

**) Während des Druckes der vorliegenden Blätter erhielt ich noch Kenntniss von der jüngst erschienenen interessanten Arbeit von W. Branco: Beiträge zur Entwickelungsgeschichte fossiler Cephalopoden; Paläontographica, Band 26, 1879. — Branco hat die innersten Windungen verschiedener Ammoniten bis zur Anfangskammer oder der sog. „Embryonalblase" verfolgt und ebenfalls gefunden, dass sich die Loben gegen den Anfang der Ammonitengehäuse hin immer mehr vereinfachen, ja dass diese Vereinfachung sogar durchweg so weit geht, dass bei Arten der verschiedensten Ammonitengruppen die Lobenlinien der ersten Kammerscheidewände vollständig ungezackt und von der Einfachheit wie bei gewissen Goniatiten erscheinen, wie dies bereits schon von Hyatt für einzelne Arten nachgewiesen war.

Die Liasplanulaten zeigen im Allgemeinen gegenüber den Armaten und jüngeren Planulaten einen verhältnissmässig einfacheren Lobenbau. Der Lobenkörper ist grösstentheils nur fingerförmig gezackt und mit wenig verzweigten Aesten versehen. Der Rückenlobus und erste Seitenlobus sind vorherrschend entwickelt, während der zweite Seitenlobus eine weit geringere Entwickelung zeigt und sich oft noch nicht so recht vom Nahtlobus abgelöst hat. Zur Erläuterung mag etwa ein Blick auf die folgenden Figuren dienen: *Ammonites mucronatus* d'Orbigny, Terr. jur. Taf. 104 Fig. 8; *Amm. Braunianus* ebendaselbst Fig. 3; *Amm. Holandrei* d'Orbigny, Terr. jur. Taf. 105 Fig. 3; *Amm. Raquinianus* d'Orbigny, Terr. jur. Taf. 106 Fig. 3; *Amm. communis* d'Orbigny, Terr. jur. Taf. 108 Fig. 3; Quenstedt, Ceph. Taf. 13 Fig. 8a; *Amm. crassus* Quenstedt, Jura Taf. 36 Fig. 2.

Auch bei der Athleta-Gruppe findet man die innige Verwandtschaft mit den Liasplanulaten im Bau der Loben ausgedrückt, indem man auf den inneren Windungen der Athleta-Ammoniten ebenfalls wieder jenen einfachen Lobenlinien begegnet, welche die grösste Aehnlichkeit mit den Scheidewandzeichnungen, wie sie bei den Planulaten der Lias vorherrschend sind, zeigen. Man vergleiche beispielsweise einmal die Lobenzeichnungen, welche Quenstedt, Ceph. Taf. 16 Fig. 1c und 2a von kleineren Athleta-Ammoniten giebt, mit den bei d'Orbigny, Terr. jur. Taf. 104 Fig. 3 und 8 in vergrössertem Massstabe dargestellten Loben von *Ammonites Braunianus* und *mucronatus*. Es bleiben die Loben bei *Ammonites athleta*, seiner Zwischenstellung entsprechend, überhaupt länger bei dem einfachen Liasplanulaten-Typus stehen, als es bei den meisten Individuen der Perarmaten der Fall ist, wie schon eine Vergleichung der Fig. 2a mit Fig. 12a in Quenstedt's Ceph. zeigen mag. Meist erst im späten Lebensalter (Quenstedt, Ceph. Taf. 16 Fig. 3) erhält *Ammonites athleta* stärker verzweigte Loben, vergleichbar jenen, wie sie die Perarmaten (Quenstedt, Ceph. Taf. 16 Fig. 12a, u. Oppel, Pal. Mitth. Taf. 64 Fig. 2a, b) in einem mittleren Lebensalter schon zeigen.

Sogar bei den jüngeren Aspidoceras-Formen, z. B. bei der Iphicerus-Gruppe, findet man die Loben der inneren Windungen noch ausserordentlich ähnlich mit jenen der Liasplanulaten.*) Dies alles weist wieder darauf hin, wie eng die Armaten mit den 'Liasplanulaten verknüpft sind, so dass nur diese als die Stammeltern jener betrachtet werden können. Wir haben bereits im dritten Kapitel darauf hingewiesen, wie wenig Analogie die Parabelknoten des *Ammonites curvicosta* (Quenstedt, Ceph. Taf. 13 Fig. 2; d'Orbigny, Terr. jur. Taf. 149 Fig. 1 und 3 etc.) mit den Stacheln der Armaten zeigen, und dass es somit als höchst gewagt erscheine, zwischen beiden einen genetischen Zusammenhang annehmen zu wollen. Es erscheint indess noch weit unwahrscheinlicher, wenn man auch die Loben der Träger dieser verschiedenen Schalensculpturen mit einander vergleicht. Wenn, wie Neumayr annimmt, *Ammonites Martinsi* d'Orbigny und *Amm. curvicosta* Oppel in der direkten Ahnenreihe der Armaten stehen würden, so müsste man erwarten, dass die Loben dieser beiden Arten auch in einem innigen Verwandtschaftsverhältnisse zu den Perarmaten und insbesondere zu *Amm. distractus* Quenstedt ständen, welch' letzterer von Neumayr zunächst in die Nachkommenschaft von *Amm. curvicosta* gestellt wird. Die Loben wenigstens der inneren Windungen der Perarmaten, insbesondere des *Ammonites distractus*, müssten etwa eine gewisse Uebereinstimmung oder doch grosse Aehnlichkeit erkennen lassen mit denjenigen Loben, wie sie vorherrschend bei *Ammonites Martinsi* und *curvicosta* entwickelt sind. Schon ein Blick auf die Figuren von Quenstedt und d'Orbigny genügt indessen, um zu zeigen, wie sehr die Loben des *Ammonites distractus* (Quenstedt, Ceph. Taf. 16 Fig. 7 a) von denen des *Amm. curvicosta*

---

*) Man könnte hier etwa einwerfen, dass die Loben auf den inneren Windungen der Armaten nur deshalb einfacher geformt würden, weil es ihnen hier an dem nöthigen Raum zur Entfaltung und Ausbreitung mangelte, so dass die Aehnlichkeit mit den Liasplanulaten in dieser Beziehung dann nur eine zufällige und nicht etwa in einem genetischen Verhältniss begründet wäre. Um solche Bedenken ganz zu beseitigen, darf man indess nur die inneren Windungen anderer Ammonitengruppen zur Vergleichung herbeiziehen, und man wird finden, dass z. B. bei gewissen Tenuilobaten, Phylloceraten, Trimarginaten, Flexuosen etc. die Loben bei dem gleichen Durchmesser der Windungen schon ziemlich complicirt und verzweigt erscheinen, bei dem die Armaten erst den einfachen Lobentypus der Liasplanulaten zeigen.

(Quenstedt, Ceph. Taf. 13 Fig. 2 a) und *Amm. Martinsi* (d'Orbigny, Terr. jur. Taf. 125 Fig. 4) abweichen. Beim ersteren ist
ausser dem Rückenlobus nur noch der erste Seitenlobus von Bedeutung, während zweiter Seitenlobus und Nahtlobus eine ganz
untergeordnete Rolle spielen. Ganz anders bei *Amm. Martinsi*
und *curvicosta*, wo wir bereits jenen weit vorspringenden,
mächtig entwickelten Nahtlobus wahrnehmen, durch welchen
sich die jüngeren Planulaten oder Perisphinkten besonders auszeichnen, und den man noch bei keiner Entwickelungsstufe der
Armaten beobachtet hat.

Wenn man die Entwickelung der Loben bei den Armaten
im Allgemeinen etwas genauer studirt, so kann man zunächst
eine interessante Abstammungsreihe verfolgen, bei welcher die
Loben sich nach und nach immer mehr verästeln und verzweigen,
also an Complicirtheit zunehmen, während die Entwickelung der
Form der Windungen und der Schalensculpturen wesentlich den
Gang einhält, welchen wir in den ersten beiden Kapiteln für den
Armatenstamm im Allgemeinen kennen gelernt haben.

Vergleicht man die Loben der mittleren Altersstufe verschiedener Perarmaten, so begegnet man hier bereits mehrfachen Abänderungen, die jedoch durch Uebergänge eng mit einander verknüpft erscheinen. Bei gewissen Formen, wie z. B. bei *Ammonites eucyphus* (Oppel, Pal. Mitth. Taf. 64 Fig. 1 a, b), bemerkt
man einen verhältnissmäsig breiten Lobenkörper mit nicht besonders langen Aesten, während wieder andere Formen, wie *Amm.
perarmatus* (Quenstedt, Ceph. Taf. 16 Fig. 12 a) sich durch schmale
Lobenkörper mit ziemlich langen Hauptästen auszeichnen. Zwischen diesen beiden Abänderungen hält *Amm. hypselus* (Oppel,
Pal. Mitth. Taf. 64 Fig. 2) bezüglich der Loben etwa die Mitte
ein. Wir werden diese drei Formen der Bimammaten-Schichten,
welche mit den älteren Armaten, z. Th. mit *Amm. Oegir*, auf's
Engste verknüpft sind, als die Ausgangspunkte dreier besonderer
Entwickelungsreihen kennen lernen, und zwar werden wir hier
zunächst die von dem schmal-lobigen *Amm. perarmatus* (Quenstedt,
Ceph. Taf. 16 Fig. 12) ausgehende Reihe etwas näher in's Auge
fassen.

In der Oberregion der Zone des *Amm. bimammatus* finden
sich zuweilen Ammoniten, welche als die Nachkommen des eben

besprochenen Q u e n s t e d t'schen *Ammonites perarmatus* betrachtet
werden müssen, und die sich namentlich bezüglich des Loben-
baues mehr oder weniger an denselben anschliessen. Es sind die
hier in Betracht kommenden Formen vom Typus des *Amm. Haynaldi* N e u m a y r (Acanthicus-Schichten Taf. 42 Fig. 3); auch lassen
sie sich z. Th. mit *Ammonites sesquinodosus* F o n t a n n e s (Crussol
Taf. 18 Fig. 6), *Amm. Haynaldi* F o n t a n n e s (Crussol Taf. 17 Fig. 4)
oder *Amm. bispinosus* Q u e n s t e d t (Ceph. Taf. 16 Fig. 13) vergleichen, nur sind die Loben nicht von der plumpen Form, wie
bei den citirten Figuren von F o n t a n n e s*), sondern, wie schon
erwähnt, mehr vom Typus des Q u e n s t e d t'schen *Amm. perarmatus* (Ceph. Taf. 16 Fig. 12). Die äussere Stachelreihe ist aber
schon zu einem grossen Theil verschwunden, und überhaupt zeichnet sich diese ganze Formenreihe durch eine gewisse Zartheit
ihrer Stacheln aus.

In dem nächst jüngeren Horizonte, in den Polyplocus-
Schichten, sind es sodann die Formen der Gruppe des *Ammonites contemporaneus* (F a v r e, Acanthicus-Zone Taf. 8 Fig. 3 a—c), welche
sich zunächst anschliessen. Die Loben sind meist etwas schmäler
und verzweigter, als sie bei ‑F a v r e (Fig. 3 c) dargestellt sind;
derselbe bemerkt indessen auch ausdrücklich, dass die Loben bei
seinen Exemplaren nicht ganz gut erhalten seien. Hier sind die
äusseren Stacheln bereits auf die innersten Umgänge zurückgedrängt, der Nabel ist indess noch ziemlich weit. Es variiren
aber diese Formen bezüglich der Nabelweite, so dass sich eine
ganz allmähliche Uebergangsreihe von *Ammonites contemporaneus* zu *Ammonites Altenensis* (d'O r b i g n y, Terr. jur. Taf. 204;
N e u m a y r, Acanthicus-Schichten Taf. 42 Fig. 2 a—c) und von
diesem zu dem enggenabelten *Ammonites circumspinosus* oder *inflatus macrocephalus* (Q u e n s t e d t, Ceph. Taf. 16 Fig. 14 a u. b;
Jura Taf. 75 Fig. 8 u. 9; F a v r e, Acanthicus-Zone Taf. 8 Fig.
2 a, b) beobachten lässt. Mit dem Engerwerden des Nabels geht
auch eine immer stärkere Verzweigung der Loben Hand in Hand,
ebenso gewinnt der zweite Seitenlobus immer mehr an Bedeutung,

---

*) Formen, welche auch bezüglich der Loben genau mit den Zeichnungen
bei F o n t a n n e s stimmen, finden sich übrigens mit diesen zusammen, und wir
werden weiter unten auf dieselben zurückkommen.

und macht sich auf den Seiten auch noch ein deutlicher Hilfslobus bemerklich, bis zuletzt jener complicirte Lobenbau erreicht
ist, welcher von d'Orbigny (Terr. jur. Taf. 204 Fig.
3) und
Neumayr (Acanthicus-Schichten Taf. 42 Fig. 2 c) für *Ammonites
Altenensis* dargestellt wird. Ich konnte mich mehrfach überzeugen,
dass grössere, äusserst enggenabelte Individuen von *Ammonites
circumspinosus* ebenfalls diese sehr verzweigten und complicirten
Loben besitzen. Das von Quenstedt (Ceph. Taf. 16 Fig.
14 a, b) von *Ammonites circumspinosus* abgebildete Exemplar stellt
blos die jugendlichen Windungen dar, und deshalb sind darauf die
Loben auch noch weniger verästelt, also noch mehr nach dem
älteren Typus der Formenreihe entwickelt.

Mit der soeben betrachteten Entwickelungsreihe, die wir als
Altenensis-Reihe bezeichnen wollen, in der wir bis zu ihrem
Endgliede, dem *Ammonites circumspinosus*, eine immer stärker hervortretende Complication der Lobenlinien verfolgen konnten, geht
eine andere, nicht minder interessante Reihe parallel, welche bezüglich der Entwickelung der Form der Windungen und der
Schalensculpturen denselben Gang einhält wie die Altenensis-
Reihe, sich aber in der Entwickelung der Loben gerade umgekehrt
verhält, indem hier von den älteren zu den jüngeren Gliedern
fortschreitend sich eine allmähliche Vereinfachung oder Reduktion
in dem Verlaufe der Lobenlinien zu erkennen gibt.

Den Ausgangspunkt für diese Reihe bildet *Ammonites eucyphus*
(Oppel, Pal. Mitth. Taf. 64 Fig. 1a und b), der sich durch den
Bau seiner Loben noch eng an gewisse ältere Perarmaten (Neumayr,
Jurastudien Taf. 20 Fig. 1 a — c) anschliesst. Der Lobenkörper
ist hier verhältnissmässig breit, und beim ersten Seitenlobus sind
die drei Aeste mässig entwickelt; dasselbe gilt auch für die
Aeste des Rückenlobus. An diesen *Amm. eucyphus*, der bereits
auf seinem letzten Umgange die äusseren Knoten verliert, schliessen
sich in der Oberregion der Zone des *Amm. bimammatus* (Wangenthal-Schichten) die breitlobigen Formen der Gruppe des *Amm. sesquinodosus* und *Haynaldi* an (vrgl. Fontannes, Crussol Taf. 18
Fig. 3, 6 u. 6a, Taf. 17 Fig. 4 u. 4a). Die Loben (Taf. 18 Fig. 3)
sind hier noch mehr durch Kürze und Breite ausgezeichnet als
bei *Amm. eucyphus*.

Aus solchen Formen der Sesquinodosus-Gruppe entwickelt

sich dann durch das Zurückgehen der äusseren Knotenreihe auf
die innersten Umgänge und durch ein stärkeres Aufblähen der Windungen die besonders in den Polyplocus-Schichten eine Rolle
spielende Gruppe des *Amm. liparus* (Oppel, Pal. Mitth. Taf. 59).
Obwohl hier der zweite Seitenlobus an Bedeutung gewonnen hat
und sich noch ein Hilfslobus auf den Seiten bemerklich macht,
so zeichnet sich doch der Verlauf der Lobenlinien durch grosse
Einfachheit aus und schliesst sich in dieser Beziehung auf das
Engste an jenen des *Amm. sesquinodosus* an. Die drei Hauptarme
des ersten Seitenlobus sind bei *Amm. liparus* indessen noch dicker
und zum Theil stumpfer geworden als bei *Amm. sesquinodosus.*

Um einen deutlichen Eindruck von den beiden entgegenge-
setzten Richtungen zu gewinnen, welche einerseits die Altenensis-
Reihe, andrerseits diejenige Reihe, welcher *Amm. liparus* angehört, bezüglich der Entwickelung der Loben befolgen, mag man
einmal die Lobenzeichnung des *Amm. liparus* (Oppel, Pal. Mitth.
Taf. 59 Fig. 1 a) mit derjenigen des *Amm. Altenensis* (d'Orbigny,
Terr. jur. Taf. 204 Fig. 3) vergleichen. Diese beiden Arten
kommen mit einander in den Schichten des *Ammonites polyplocus*
vor, beide zeigen auch viel Uebereinstimmung bezüglich der Form
der Windungen und der Anordnung der Stacheln. Aber wie sehr
sind die Scheidewandzeichnungen bei beiden Arten verschieden!
Bei *Amm. Altenensis* diese s c h m a l e n, z i e r l i c h verzweigten
Loben und bei *Amm. liparus* der b r e i t e, p l u m p e Lobenkörper
mit k u r z e n Z a c k e n und sehr reducirten Hauptarmen. —
Die Vereinfachung der Lobenlinien bei dieser Entwickelungsreihe hat indessen in *Ammonites liparus* noch keineswegs ihren
Höhepunkt erreicht. Schon in den Polyplocus-Schichten begegnet
man Ammoniten, die mit *Amm. liparus* noch auf das Engste verknüpft sind, andrerseits aber theils zu *Amm. Schilleri* (Oppel,
Pal. Mitth. Taf. 61), theils zu *Amm. Avellanus* (Zittel, Tithon
Taf. 31 Fig. 3 a, b) hinüberleiten. Damit hat aber die Vereinfachung der Lobenzeichung noch mehr zugenommen, wie ein Blick
auf die soeben citirten Abbildungen lehrt. Der Lobenkörper ist
noch breiter geworden, die drei Hauptarme des ersten Seitenlobus
sind noch mehr mit demselben verschmolzen oder zu unbedeutenden
Zacken reducirt.

Den Höhepunkt der Vereinfachung erreichen dann die

Aspidoceras-Loben in dieser Reihe bei *Ammonites Lallierianus* (d'Orbigny, Terr. jur. Taf. 208). Hier haben wir (Fig. 4) die breitesten, halbkreisähnlichen Lobenkörper, die nur mit kurzen Zacken oder Fransen besetzt erscheinen, und die somit zum Theil an gewisse ältere, durch einfache Loben ausgezeichnete Cephalopodentypen erinnern. Auch der besonders an *Amm. Avellanus* sich anschliessende *Amm. cyclotus* (Zittel, Tithon Taf. 30 Fig. 2a u. b) zeichnet sich durch sehr ähnlich reducirte Loben aus. Es mag diese Reihe, deren Endpunkt wir hier erreicht haben, als Lallierianus-Reihe bezeichnet werden, zum Unterschiede von der vorher besprochenen Altenensisreihe.

Wenn wir den Entwickelungsgang, den die Scheidewand-Zeichnungen oder Lobenlinien bei dem Armatenstamme durchlaufen haben, kurz überblicken, so sehen wir, dass von den verhältnissmässig einfach gebildeten Loben der Liasplanulaten bis zur Gruppe der Perarmaten und Bispinosen eine zunehmende Verzweigung der Lobenkörper stattfindet und sich eine Vermehrung in der Zahl der Seitenloben bemerklich macht. Man macht auch hier die Beobachtung, dass diese die Lobenlinien betreffenden Abänderungen ebenfalls zuerst auf den äusseren Umgängen der Ammoniten auftreten und von da sich allmählich auf die inneren Windungen fortpflanzen, so dass die jüngeren Altersstufen der Individuen dann gewöhnlich durch viel einfachere Loben ausgezeichnet sind als die einem späteren Lebensalter angehörenden äusseren Umgänge.*)

Schon von der Perarmatengruppe an geht dann die Entwickelung der Loben beim Armatenstamme wesentlich nach zwei Richtungen auseinander. Die eine dieser beiden Entwickelungsreihen bildet die Fortsetzung der bis dahin befolgten Variations-Richtung, indem die auf den äusseren Windungen gewisser grosser Athleta- und Perarmaten-Individuen (d'Orbigny, Terr. jur. Taf. 164 Fig. 3, Taf. 184 Fig. 3) schon angedeutete stärkere Verzweigung der Lobenlinien bei den jüngeren Nachkommen noch immer grössere Fortschritte macht, bis die schmalen, reich ver-

---

*) Aus diesem Grunde wäre es für die Entwickelungsgeschichte sehr vortheilhaft, wenn bei Abbildungen von Ammoniten die Lobenzeichnungen womöglich von verschiedenen Altersstufen beigefügt würden.

zweigten Loben der Altenensis- und Circumspinosen-Gruppe erreicht sind. Bei der anderen der beiden Reihen haben wir dagegen vom Armatenstadium an eine immer mehr sich geltend machende Vereinfachung oder Rückbildung der Lobenlinien wahrgenommen, welche in den degenerirten Scheidewand-Zeichnungen des *Ammonites Lallierianus* und *cyclotus* den Höhepunkt erreichte.

Diese sehr reducirten, breiten Loben des *Ammonites Lallierianus* (d'Orbigny, Terr. jur. Taf. 208 Fig. 4) und des *Amm. cyclotus* (Zittel, Tithon Taf. 30 Fig. 2b) einerseits und die schmalen, stark verästelten Loben des *Amm. Altenensis* (d'Orbigny, Terr. jur. Taf. 204 Fig. 3; Neumayr, Acanthicus-Schichten Taf. 42 Fig. 2c) andrerseits begegnen sich, nach rückwärts in ihren Entwickelungsreihen verfolgt, in mittelmässig verzweigten Lobenlinien, wie sie etwa an dem von Quenstedt (Ceph. Taf. 16 Fig. 3) abgebildeten grösseren Windungsstücke vom *Amm. athleta* zu sehen sind.

Da nun bei den Entwickelungsreihen der Ammoniten eine zunehmende Complication oder eine immer stärker hervortretende Verästelung der Loben einem Aufblühen oder einer fortschrittlichen Entwickelung des Stammes entspricht, so begegnen wir bei der in der Lallierianus-Reihe sich allmählich immer mehr geltend machenden Vereinfachung der Lobenzeichnungen dem interessanten Beispiele einer paracmastischen Degeneration; denn mit den Cycloten hat die Entwickelung unseres Stammes ein Ende; mit vereinzelten Nachkommen in den unteren Kreide-Schichten (*Ammonites simplus* d'Orb.) stirbt diese Sippschaft aus.

Haeckel (Generelle Morphologie 2. Bd. S. 320) unterscheidet in der Phylogenie oder Entwickelungs-Geschichte der organischen Stämme im Allgemeinen drei Hauptperioden, nämlich: 1) die Aufblühezeit (Epacme), 2) die Blüthezeit (Acme) und 3) die Verblühzeit (Paracme) des Stammes.

Als Aufblühezeit oder Epacme können wir nun beim Armatenstamme jene Periode der Entwickelung bezeichnen, welche von den Liasplanulaten bis zur vollständigen Ausbildung der Perarmaten reicht. In diesem Entwickelungsstadium ging die allmähliche Austauschung der Planulatenrippen gegen die Armatenstacheln vor sich. Weiter ist dieses Stadium

durch eine stetig zunehmende Complication oder stärkere Verästelung der Loben ausgezeichnet.

Die Blüthezeit oder Acme des Armatenstammes fällt dann
mit dem Perarmaten- oder Bispinosen-Stadium zusammen. Mit
diesen zweistachelreihigen Formen ist der Höhepunkt in der Entwickelung des Armatenstammes erreicht, denn das Defektwerden
und allmähliche Verschwinden der Stachelreihen muss schon als
Degeneration oder Rückbildung aufgefasst werden, womit wir
also die dritte und letzte Hauptperiode der Entwickelung,
die Verblühzeit oder Paracme, erreicht haben. Die paracmastische Degeneration, welcher in diesem Stadium die sog.
„Schalensculpturen“, die Stacheln, in so auffälliger Weise zum
Opfer fallen, ergreift dann bei der Lallicrianus-Reihe auch noch
die Loben, so dass der Stamm vor seinem Aussterben mit der
Cycloten-Gruppe noch Formen erreicht, die sowohl bezüglich
der Ausbildung der Schale als der Scheidewandzeichnungen zu gewissen älteren, einfacher organisirten Cephalopodentypen zurück-
gesunken erscheinen. Eine sehr merkwürdige Erscheinung bietet
die Altenensis-Reihe, denn hier erstreckt sich die paracmastische
Degeneration nur auf die Stacheln, während, wie wir gesehen
haben, die Loben sich gleichzeitig stärker verästeln, also eine auf-
blühende Entwickelung oder epacmastische Crescenz befolgen.

Wenn man die Loben der Kreideammoniten studirt, so
begegnet man, worauf auch Neumayr mehrfach aufmerksam gemacht hat, in den Entwickelungsreihen vielfach einer stark hervortretenden Reduktion dieser Scheidewandzeichnungen. Es scheint
somit die formenreiche Cephalopodengruppe der Ammoniten vor
ihrem Verschwinden vom Schauplatz der Schöpfung noch vorherrschend von einer paracmastischen Degeneration der
Loben heimgesucht zu werden.

Fünftes Kapitel.

Verzweigungen des Armatenstammes.

Der Heterostrophus-Ast. — Die Rupellensis-Reihe. — Die Clambus-Reihe. — Die Iphicerus-Reihe. — Der Binodus-Zweig. — Der Acanthicus-Zweig. — Die Caletanus-Reihe. — Der Sesquinodosus-Zweig. — Verzweigung des Liparus-Lallierianus-Astes.

Wenn man die Entwickelung des Armatenstammes durch die Juraformation hindurch verfolgt, indem man bei den älteren Ablagerungen beginnt und zu immer jüngeren Schichten fortschreitet, so macht man die Beobachtung, dass mit dem jedesmaligen Auftreten einer neuen Entwickelungsperiode in der Armatenreihe die Vertreter des vorhergehenden Entwickelungsstadiums nicht sofort aussterben, sondern dass diese älteren Typen in etwas veränderter Gestalt, aber meist nur durch spärliche Repräsentanten vertreten, oft noch lange neben den weiter entwickelten Formen fortleben. Wesentlich aus diesem Grunde bieten somit die Armaten einen vielverzweigten Stammbaum dar (vergl. die Stammtafel der Armaten), dessen einzelne Aeste und Zweige wir nun noch etwas näher betrachten wollen.

Der berippte Athleta-Typus hat sich unter gewissen Modificationen mit spärlichen Vertretern bis in die jüngsten jurassischen Ablagerungen und sogar bis in die unteren Neocomschichten hinauf erhalten. *Ammonites heterostrophus* aus den „röthlichweissen Jurakalken" von Rottenstein bei Vils in Tirol (Oppel, Pal. Mitth. Taf. 58 Fig. 1 a und b) ist eine solche hier in Betracht kommende Form. Ein damit in gewissen Beziehungen übereinstimmender Ammonit wird von Pictet (Mél. pal. IV. pag. 242 Taf. 39 Fig. 2) aus der unteren Kreide als *Amm. Malbosi* beschrieben. Diese beiden Formen zeigen die wesentlichen Merkmale der Armaten — nämlich auf jeder Seite zwei Knoten- oder Stachelreihen, ausserdem sind sie aber auch bis in's höhere Alter mit deutlichen Planulatenrippen versehen. Man kann deshalb sagen, dieselben seien in dieser Beziehung bei einer früheren Entwicke-

lungsstufe des Armatenstammes — beim Athletentypus - stehen
geblieben. Es ist somit auch wahrscheinlich, dass dieser bis in
die Kreideformation hinauf reichende Zweig sich rückwärts bis in
den oberen braunen Jura hinab verfolgen lassen wird. Uebrigens
scheinen diese berippten Armaten einem ganz ähnlichen Entwicke-
lungsgange gefolgt zu sein, wie die übrigen Armaten; denn an
dem von Oppel abgebildeten Exemplar von *Amm. heterostrophus*
bemerkt man auf dem letzten Umgange bereits ein stärkeres Hervortreten der inneren und ein Verschwinden der äusseren Knotenreihe; auch tritt sowohl bei *Amm. heterostrophus* als bei *Amm.
Malbosi* der Rückentheil bedeutend hervor, weshalb die äussere
Stachelreihe, ähnlich wie bei den Bispinosen der Polyplocus-Schichten,
auf der Mitte der Seitenflächen erscheint. Die Knoten oder Stacheln
scheinen indessen bei diesen merkwürdigen Ammoniten weniger
kräftig ausgebildet zu sein als bei den eigentlichen zweistachelreihigen Armaten, und damit steht wohl das Vorhandensein der
Rippen im Zusammenhang: die Stacheln sind nicht so kräftig
ausgebildet, dass die Rippen entbehrlich wären. Kräftige Stacheln
und zahlreiche deutliche Rippen schliessen einander aus; d. h. sie
vertreten sich gegenseitig, woraus vielleicht hervorgehen mag,
dass beide eine ähnliche oder gleiche Funktion gehabt haben.

Auch aus der tithonischen Stufe sind durch Zittel mehrere
berippte Armaten bekannt geworden, die in diesem Horizonte den
Athleta - Typus vertreten. Eine solche Form aus den Stramberger Schichten, welche an die inneren Windungen des *Amm.
athleta* erinnert, wurde von Zittel (Stramberg Taf. 16 Fig. 5 a—c
S. 94) als *Amm. cf. athleta* abgebildet und beschrieben. Als
etwas modificirte Formen des Athleta-Typus können auch *Ammonites Rogoznicensis* (Zittel, Tithon Taf. 31 Fig. 1 a, b) und *Amm.
Zeuschneri* (auf derselben Tafel Fig. 3 a—c links unten) aufgefasst
werden.

Neben der eigentlichen Perarmaten- oder Oegir-Reihe,
die wir in den vorstehenden Blättern mehrfach besprochen haben,
entsprosst der Athleten-Gruppe noch ein kleinerer Ast mit seltenen
Formen, bei denen entweder zeitlebens nur die äussere Stachelreihe zur Entwickelung kommt, oder doch die zweite, innere
immer erst in einem ziemlich vorgeschrittenen Lebensalter noch hinzutritt, in ihrer Entwickelung aber stets hinter der

äusseren Reihe zurückbleibt. Die Rippen verschwinden jedoch bei diesen Formen schon frühzeitig. *Ammonites distractus* (Quenstedt, Ceph. Taf. 16 Fig. 7 a, b; Jura Taf. 71 Fig. 4) aus dem obersten braunen Jura oder der Zone des *Amm. cordatus* und die von E. Favre (Terr. oxford. Taf. Fig. 6 a, b und 7 a, b) aus den unteren Lagen der Oxford-Gruppe der Freiburger Alpen als *Ammonites Dornasensis* abgebildete Art mögen die in Rede stehende Formengruppe zunächst mit der Athleta-Gruppe vermitteln. *Ammonites Lemani* Favre (Voirons Taf. 5 Fig. 8 a, b) kann dann als Verbindungsglied zwischen der Distractus-Dornasensis-Gruppe und dem in der Zone des *Amm. polyplocus* eine Rolle spielenden *Ammonites Rupellensis* (d'Orbigny, Terr. jur. Taf. 205 = *Amm. perarmatus mamillanus* Quenstedt (Ceph. Taf. 16 Fig. 11 a, b) aufgefasst werden; *Amm. Meriani* (Oppel, Pal. Mitth. Taf. 65 Fig. 1 a, b) mag ebenfalls die Jugendform eines Rupellensis-artigen Ammoniten vorstellen. Ferner schliesst sich *Amm. Edwardsianus* (d'Orbigny, Terr. jur. Taf. 188) hier an. Auch an grossen Individuen des *Amm. Rupellensis*, die in den Polyplocus- oder Acanthicus-Schichten gefunden werden, beobachtet man durchweg, sogar auf den letzten Windungen, eine kräftigere Entwickelung der äusseren Stachelreihe; auch fehlt die innere Reihe auf den inneren Windungen lange Zeit. Ebenso sind die Loben zeitlebens mehr bei einer früheren Entwickelungsperiode der Armaten stehen geblieben, indem ein grosser dreiarmiger erster Seitenlobus sich über den grössten Theil der Seiten der Windungen ausdehnt und den kleineren zweiten Seitenlobus ganz in den Hintergrund drängt. Der von den älteren Perarmaten zwar wesentlich verschiedene *Ammonites Rupellensis* vertritt nun doch in den Polyplocus - Schichten auf das Entschiedenste den Perarmaten-Typus.

Sogar auch in der tithonischen Stufe ist der Perarmaten-Typus noch vertreten, wie uns der von Zittel (Tithon Taf. 29 Fig. 6 a—c) abgebildete *Ammonites Apenninicus* lehrt. Diese Form dürfte sich indess eher von *Amm. eucyphus* (Oppel, Pal. Mitth. Taf. 64 Fig. 1 a, b) herleiten.

Ein schwacher, von der Gruppe des *Amm. distractus* oder des *Amm. athleta unispinosus* ausgehender Zweig, der sich nur bis in die Bimammatus-Zone fortsetzt, bringt es nicht nur nie zu einer Entwickelung der inneren Stachelreihe, sondern es verschwindet hier

auch sehr bald wieder die äussere Reihe auf den letzten Um-
gängen. Diesem Zweige gehören an: *Ammonites Schwabi* Oppel
(Pal. Mitth. Taf. 63 Fig. 4 a, b), *Amm. clambus* Oppel (Pal. Mitth.
Taf. 63 Fig. 1 a—c), vielleicht auch *Amm. episus* Oppel (Pal. Mitth.
Taf. 60 Fig. 1 a, b), welch' letzterer im Klettgau in der oberen
Region der Bimammaten-Zonen oder den Wangenthal-Schichten ge-
funden wird. *Amm. clambus* und *Amm. episus* haben somit ihren
Cyclotencharakter auf einem viel einfacheren Wege er-
reicht als die in den vorhergehenden Kapiteln besprochenen
Amm. Neoburyensis und *cyclotus* der jüngsten jurassischen Ab-
lagerungen.

Im vierten Kapitel haben wir bereits hervorgehoben, dass die
Perarmaten der Bimammaten-Zone, namentlich bezüglich der Lobenbildung, nach verschiedenen Variationsrichtungen auseinandergehen,
und dass sich dann gegen jüngere jurassische Ablagerungen hin
mehrere interessante Formenreihen hieraus entwickeln. Wir haben
besonders drei solcher Perarmaten-Varietäten kennen gelernt, nämlich *Ammonites eucyphus* (Oppel, Pal. Mitth. Taf. 64 Fig. 1 a, b),
den Quenstedt'schen *Amm. perarmatus* (Ceph. Taf. 16 Fig. 12 a, b)
und *Amm. hypselus* (Oppel, Pal. Mitth. Taf. 64 Fig. 2 a, b) und
konnten von der ersten Form die Lallierianus-Reihe, von der zweiten die Altenensis-Reihe ableiten. Hier bleibt uns nun noch übrig,
einen Blick auf diejenige Entwickelungsreihe zu werfen, welche
ihren Ausgangspunkt von *Amm. hypselus* nimmt, der bezüglich
seiner Lobenbildung in der Mitte zwischen *Amm. eucyphus* und
dem Quenstedt'schen *Amm. perarmatus* steht.

Dieser *Ammonites hypselus* ist, wie wir im zweiten Kapitel,
wo wir die Entwickelung des Armatenstammes im Allgemeinen
betrachteten, bereits betont haben, auf's Engste mit *Ammonites
Babeanus* (d'Orbigny, Terr. jur. Taf. 181) und *Ammonites Hominalis* (Favre, Voirons Taf. 4 Fig. 4 a—c und 5 a, b; Terr. oxford.
Taf. 6 Fig. 1 a — c) verknüpft. Diese beiden Arten leiten aber
dann ganz unvermerkt zu der in den Polyplocus-Schichten verbreiteten Gruppe des *Ammonites iphicerus* hinüber, so dass man
unter den Perarmaten speciell den *Amm. hypselus* als den Stammvater der Iphicerus-Gruppe betrachten kann.

Der von Benecke (geognostisch-paläontolog. Beiträge, Bd. 1,
Taf. 9 Fig. 1 a, b) aus den Acanthicus-Schichten Südtirols abgebil-

dete *Amm. eurystomus*, der sich durch uugewöhnlich breite Windungen auszeichnet, während der Rückentheil nach Art der Perarmaten noch ganz wenig gewölbt erscheint, wird sich wohl auch von der Hypselus-Babeanus-Gruppe abzweigen.

Dieselbe Mittelstellung, welche *Amm. hypselus* bezüglich der Loben zwischen *Amm. eucyphus* und dem Quenstedt'schen *Amm. perarmatus* einnimmt, behauptet die Iphicerus-Reihe zwischen der Lallierianus- und der Altenensis-Reihe. Von der Iphicerus-Gruppe ist es die von Favre (Acanthicus-Schichten Taf. 7 Fig. 6 a, b) als *Amm. Caletanus* aufgeführte Form, welche sich zunächst an die Hominalis-Babeanus-Gruppe anschliesst. Dann kommen *Amm. iphicerus* (Oppel, Pal. Mitth. Taf. 60 Fig. 2 a, b) und die von Favre (Acanthicus-Zone Taf. 7 Fig. 7 a, b und 8 a, b; Voirons Taf. 6 Fig. 5 a, b) zu *Amm. longispinus* gerechneten Formen.

Von der Iphicerus-Gruppe mit verhältnissmässig weitem Nabel zweigt sich eine Formenreihe ab, bei welcher der Nabel nach und nach enger wird und die beiden Stachelreihen einander näher rücken, so dass bei den Endgliedern dieser Reihe Formen mit tiefem, engem Nabel und stark aufgeblähten, namentlich sehr in die Breite gezogenen Umgängen erscheinen, auf welchen die beiden Stachelreihen zuweilen sehr nahe zusammengerückt sind. *Ammonites inflatus binodus* (Quenstedt, Ceph. Taf. 16 Fig. 10 a, b), welcher auch kurzweg als *Amm. binodus* aufgeführt wird, gehört hierhin.

Von der Iphicerus-Gruppe leitet sich auch der durch das theilweise Verschwinden der äusseren Stachelreihe ausgezeichnete *Ammonites acanthicus* (Oppel, Pal. Mitth. S. 219; Neumayr, Acanthicus-Schichten Taf. 41) ab, welcher aus den Polyplocus-Schichten auch in die nächst höhere Zone des *Amm. pseudomutabilis* und *Eudoxus* fortsetzt.

In der neueren Zeit wird *Ammonites iphicerus* von mehreren Paläontologen mit Sowerby's *Ammonites longispinus*, von welchem Loriol (Boulogne Taf. 2 Fig. 2a—c) eine gute Abbildung gegeben hat, vereinigt. Dagegen habe ich jedoch einige Bedenken, indem diese beiden Formen Unterscheidungsmerkmale darbieten, die vielleicht andeuten, dass dieselben zwei verschiedenen Entwickelungsreihen angehören. Bei dem eigentlichen *Ammonites iphicerus* (Oppel, Pal. Mitth. Taf. 60 Fig. 2), wie er in den Polyplocus-

Schichten des süddeutschen Jura vorzukommen pflegt, sind nämlich die beiden Stachelreihen in der Weise entwickelt, dass einem
Stachel oder Knoten der inneren Reihe immer ein solcher der
äusseren Reihe entspricht: beide sind gewöhnlich durch eine
niedere rippenartige Erhöhung mit einander verbunden. Vergleicht
man nun die von d'Orbigny (Terr. jur. Taf. 209) als *Amm.*
longispinus abgebildete Form, die übrigens schon von Oppel
(Pal. Mitth. S. 220) als *Amm. Caletanus* von den übrigen unter
der Bezeichnung *Amm. longispinus* aufgeführten Vorkommnissen
abgetrennt wurde, so bemerkt man, dass hier die Knoten der
äusseren Reihe zahlreicher vorhanden sind als diejenigen der
inneren. Es kommen mehrfach auf einen Knoten der inneren
Reihe zwei solche der äusseren Reihe, und sind letztere mit den
ersteren durch niedere Rippen verbunden, so dass gewissermassen
gleichschenkelige Knotendreiecke entstehen.

Mit dem eigentlichen *Amm. iphicerus* zusammen kommen nun
auch Formen vor, welche diese Knotendreiecke zeigen; doch ist
diese Varietät der Polyplocus-Schichten meist etwas enger ge-
nabelt als *Amm. Caletanus.* Ebenso sind die Knotendreiecke bei
dem von Loriol (Boulogne Taf. 2 Fig. 2 a—c) abgebildeten Exemplare vorhanden. Genau dieselben Longispinus-Formen finden
sich auch im Klettgauer Jura in den über dem Polyplocus-Hori-
zonte folgenden Mutabilis- und Nappberg-Schichten, während hier
oben der echte *Amm. iphicerus* nicht mehr gefunden wird. Der
echte *Ammonites longispinus* mit Knotendreiecken dürfte sich also
zunächst von *Amm. Caletanus* ableiten, und diesem entspricht vielleicht in älteren Schichten unter den Perarmaten und Athleten
ebenfalls eine bestimmte Stammform mit solchen Knotendreiecken,
die bis jetzt noch nicht bekannt geworden ist.

Die Formen, welche Favre (Acanthicus-Zone Taf. 7 Fig. 6 a, b
und 7 a, b; Voirons Taf. 6 Fig. 5 a, b) als *Amm. Caletanus* und
longispinus abbildet, würden also auch, da denselben die Knotendreiecke fehlen, der Iphicerus-Gruppe zufallen.

Im vorhergehenden Kapitel haben wir bereits zwei Aeste
unseres Armatenstammbaumes, welche sich von der Perarmaten-
Gruppe abzweigen, etwas näher besprochen, nämlich die Altenensis-
Reihe und jene merkwürdige Entwickelungs-Reihe, zu deren Endgliedern *Ammonites Lallierianus* und *Amm. cyclotus* gehören. Ueber

die Verzweigungen des letzterwähnten dieser beiden Aeste des Armatenstammes haben wir hier noch ein paar Worte hinzuzufügen. Als ein Glied der Lallierianus - Reihe haben wir den bereits in den oberen Lagen der Bimammaten - Zone auftretenden *Amm. sesquinodosus* Fontannes (Crussol Taf. 18 Fig. 6 und 6 a) erkannt. Dieser Vorläufer oder Stammvater des *Ammonites liparus* (Oppel, Pal. Mitth. Taf. 59; Favre, Voirons Taf. 6 Fig. 4 a, b) setzt dann aber, mit der letztgenannten Art zusammen, durch die Tenuilobatus- oder Polyplocus - Zone und die Schichten des *Amm. pseudomutabilis* fort bis in die Nappberg-Schichten, und in der tithonischen Stufe hat dann *Amm. sesquinodosus* in dem von Zittel (Tithon Taf. 29 Fig. 4 a, b) abgebildeten *Amm. acanthomphalus* einen Vertreter, der sich ziemlich eng anschliesst.

Ausser *Ammonites Avellanus* und *Schilleri* leitet sich von der Gruppe des *Amm. liparus* auch der von Oppel aus den lithographischen Schiefern von Solenhofen abgebildete *Ammonites Pipini* (Pal. Mitth. Taf. 72 Fig. 3) ab, wie mich Exemplare aus den Nappberg - Schichten, an denen die Loben erhalten sind, überzeugten. *Amm. Choffatti* (Loriol Baden Taf. 20 Fig. 1 und Taf. 19 Fig. 4) scheint eine Zwischenstellung einzunehmen zwischen der Gruppe des *Amm. liparus* einerseits und *Amm. Schilleri* (Oppel, Pal. Mitth. Taf. 61) und *Amm. Cartieri* (Loriol, Baden Taf. 18 Fig. 2) andrerseits. Der an *Ammonites cyclotus* (Zittel, Tithon Taf. 30 Fig. 2—5) erinnernde *Amm. Neoburgensis* (Oppel, Pal. Mitth. Taf. 58 Fig. 5 a, b) dürfte *Amm. Schilleri* (Oppel, Pal. Mitth. Taf. 61) zum Stammvater haben, indem dieser letztere zuweilen eine ganz glatte äussere Windung von der Form des *Neoburgensis* zeigt. *Amm. cyclotus* hingegen leitete sich jedenfalls von *Amm. Avellanus* (Zittel, Tithon Taf. 31 Fig. 3) ab.

4*

Sechstes Kapitel.

Stammesgeschichte der Nachkommenschaft des Ammonites annularis.

Der Transversarius-Zweig. — Der Toucasianus-Zweig. — Der Bimammatus-Zweig. — Die Contanti-Reihe. — Die Navillei-Reihe. — Die Balderus-Reihe. — Die Sautieri-Reihe. — Der Abscissus-Zweig. — Der Venetianus-Zweig. — Der Contortus-Agrigentinus-Ast.

Im obersten braunen Jura, in den Ornatenthonen, liegen planulatenartige Ammoniten, welche von Quenstedt wegen der Einfachheit ihrer Loben mit den Armaten in Beziehung gebracht wurden, die aber gerade wegen dieser Eigenthümlichkeit der Scheidewandzeichnungen ebensogut oder noch weit mehr an die Planulatenformen des Lias erinnern, mit welchen sie sogar von d'Orbigny verwechselt wurden. Es sind diese Planulaten der Ornatenthone, die unter der Bezeichnung *Ammonites annularis* aufgeführt werden, weiter dadurch ausgezeichnet, dass ihre scharf zweispaltigen Rippen mit ziemlich viel ungespaltenen vermischt erscheinen (vergl. Quenstedt, Ceph. Taf. 16 Fig. 6 a, b und Jura Taf. 71 Fig. 6—8).

Dieser *Amm. annularis* bildet die gemeinschaftliche Stammform mehrerer divergirender Entwickelungsreihen. (Vergl. Stammtafel No. II.) Er ist zunächst innig verknüpft mit *Amm. caprinus* (Quenstedt, Ceph. Taf. 16 Fig. 5 a, b; Jura Taf. 71 Fig. 5), welcher vorzugsweise in der zunächst jüngeren Zone des *Amm. cordatus* zu treffen ist. Bei diesem macht sich auf den äusseren Windungen eine tiefere Spaltung der Rippen bemerklich, welche zuletzt so tief gegen die Naht hinabreicht, dass der Zusammenhang der zwei Gabeläste ganz aufhört und ein Theil des letzten Umganges dann nur von einfachen Rippen bedeckt erscheint, welche ziemlich nach rückwärts geneigt und auf dem Rücken etwas verdickt sind. Bedeutende Fortschritte erreicht diese Variationsrichtung dann bei den sich anschliessenden *Amm. Gruyerensis* (Favre, Terr. oxford. Taf. 4 Fig. 6 a—c) und *Amm.*

transversarius (Q u e n s t e d t , Ceph. Taf. 15 Fig. 12 a, b). Hier
ist der grösste Theil der sichtbaren äussern Windungen
mit jenen einfachen, schiefstehenden Rippen bedeckt,
welche bei dem tiefer liegenden *Amm. caprinus* oder *torosus*, wie
ihn Oppel nennt, erst auf dem letzten Umgange vorherrschen.
Von *Ammonites annularis* lässt sich auch *Amm. Arduennensis*
(d'Orbigny, Terr. jur. Taf. 185 Fig. 4—7; Favre, Terr. oxford.
Taf. 3 Fig. 8 u. 9 a, b) der Cordatus-Schichten ableiten. Hier
geht die Spaltung der Rippen zwar auch sehr tief herab, aber die
beiden Gabeläste bleiben in der Nahtgegend noch z u s a m m e n -
h ä n g e n d. Aehnlich wie bei *Amm. caprinus* macht sich in der
Rückengegend eine Verdickung der Rippen bemerklich; auch
sind dieselben auf dem letzten Umgange stark rückwärts geneigt.
Durch das Fortschreiten dieser rückwärts gebogenen Rippen gegen
die inneren Windungen hin entwickelt sich dann aus *Amm.*
Arduennensis der wieder in der nächst höheren Zone vorkommende
Amm. Toucasianus (d'Orbigny, Terr. jur. Taf. 190; Neumayr,
Jurastudien Taf. 19), der nach dem Vorgange von Oppel und
Quenstedt gewöhnlich mit *Amm. transversarius* zusammenge-
fasst wird, obwohl er sich von diesem durch die Verbindung der
Rippen in der Nahtgegend hinreichend unterscheidet.
    Eine grob gerippte Varietät des *Amm. Arduennensis*, wie sie
etwa von Favre (Terr. oxford. Taf. 3 Fig. 9 a, b) abgebildet
wird, mit geraden, nicht rückwärts gebogenen Rippen wird auch
als die Stammform des *Amm. Berrensis* (Favre, Terr. oxford.
Taf. 3 Fig. 11 und Taf. 4 Fig. 8 a, b u. 9 a, b) anzusehen sein.
Bei dieser letzteren Art sind die auch in der Nahtgegend grösstentheils getrennten Rippen in der Rückengegend noch mehr
verdickt, und in der Medianlinie des Rückens macht sich eine
leichte Furche bemerklich. Dieser *Amm. Berrensis* bildet dann
die Brücke zu *Amm. bimammatus* (Quenstedt, Jura Taf. 76
Fig. 9; Favre, Voirons Taf 2 Fig. 10 a, b und Terr. oxford.
Taf. 3 Fig. 10). Hier hat die Rückenfurche so sehr an Breite
und Tiefe gewonnen, dass die von den Seiten kommenden verdickten Rippen in den Rückenkanten als zitzenartige Knoten endigen.
    Ammonites Constanti (d'Orbigny, Terr. jur. Taf. 186) wird
sich wohl ebenfalls auf die Gruppe der *Amm. Arduennensis* zurück-
führen lassen. In den Klettgauer Hornbuckschichten, welche der

untern Region der Zone des *Amm. bimammatus* angehören, liegt dann eine noch nicht beschriebene Form, die sich an *Amm. Constanti* anschliesst. Die weitere Fortsetzung dieser Formenreihe bildet *Amm. Benianus* (Zittel, Tithon Taf. 33 Fig. 7 a, b) aus den Acanthicus-Schichten und der tithonischen Stufe. Zittel (Tithon S. 220) hat bereits auf die nahe Verwandtschaft des *Amm. Benianus* mit *Amm. Constanti*, *Arduennensis* und *annularis* hingewiesen, welche Formen wir als die Ahnenreihe jener erstgenannten Art betrachten müssen. Ferner macht Neumayr auf die nahe Verwandtschaft des *Amm. Benianus* mit *Amm. Herbichi* (Neumayr, Acanthicus-Schichten Taf. 40 Fig. 1 a, b) aufmerksam, und wir können den letzteren als einen Descendenten der ersteren Art betrachten, während *Amm. explanatus* (Neumayr, Acanthicus-Schichten Taf. 40 Fig. 3), der den unteren Theil der Rippen auf den Seiten der Windungen zum Theil verloren hat (paracmastische Degeneration), vielleicht zur Nachkommenschaft des *Amm. Herbichi* gerechnet werden kann.

Das Gemeinsame der soeben betrachteten, auf verschiedenen Schichten des oberen Jura vertheilten Nachkommenschaft des *Ammonites annularis* besteht im Wesentlichen darin, dass die zweispaltigen Rippen sich in einfache auflösen, welcher Vorgang auf dem äusseren Umgange der Individuen beginnt und von da nach den inneren Windungen fortschreitet. Neben den dabei entstehenden divergirenden Reihen setzt indess der Grundtypus mit einem Gemisch von einfachen und zweispaltigen Rippen ebenfalls, zwar nur durch wenige Repräsentanten vertreten, bis in die jüngsten jurassischen Ablagerungen fort. In der Oxford-Gruppe sind es die mit einfachen dichotomen Rippen versehenen Formen der Gruppe des *Amm. Navillei* (Favre, Voirons Taf. 4 Fig. 1 a, b), welche sich mehr oder weniger eng an *Amm. annularis* anschliessen. Damit verknüpft finden sich namentlich in den Acanthicus-Schichten Formen mit viel ungespaltenen Rippen unter den zweitheiligen, die an das von Favre (Terr. oxford. Taf. 5 Fig. 2) als *Amm. colubrinus* abgebildete Exemplar erinnern und den Uebergang zu Loriol's *Amm. biblex* (Boulogne Taf. 2 Fig. 1) bilden, welcher neben zweispaltigen Rippen auch zahlreiche ungespaltene aufweist.

Aus den Annularis-Ammoniten entwickelt sich ferner eine

weitere, in eine Anzahl divergirender Reihen geschiedene Gruppe
von Formen, die erst in der neueren Zeit genauer bekannt geworden
sind, und die sich ebenfalls dadurch auszeichnen, dass ihre wenig
involuten Windungen, deren langsame Zunahme in die Dicke
gefällige Scheiben erzeugt, in der Mehrzahl bis in's höhere Alter
mit einfachen und zweispaltigen Rippen bedeckt sind, während
Fälle, wo die dichotomen Rippen auf den äusseren Umgängen sich
entweder auch noch in einfache auflösen, oder noch einzelne dreispaltige hinzutreten, zu den Seltenheiten gehören. In allen diesen
Fällen erleiden jedoch die Rippen bei den hier in Rede stehenden
Formen in der Medianlinie des Rückens eine bald mehr, bald
weniger in die Augen fallende Unterbrechung.

Schon bei *Amm.* *annularis* findet man zuweilen eine Rückenfurche leicht angedeutet und bei dem aus jüngeren Schichten sich
anschliessenden *Amm.* *contortus* (Neumayr, Jurastudien Taf. 21
Fig. 1a, b; Favre, Acanthicus-Zone Taf. 5 Fig. 5 a b) ist dieselbe bereits deutlich ausgeprägt. In den Bimammatus-Schichten
finden sich Formen, die den Uebergang von *Amm.* *contortus* zu
einer Ammonitengruppe vermitteln, bei deren Vertreter die Rückenfurche bald mehr, bald weniger ausgesprochen ist — wir meinen
die Gruppe des *Amm.* *planula* (Quenstedt, Ceph. Taf. 12 Fig.
8a, b; Loriol, Baden Taf. 16 Fig. 1) und *Amm.* *Balderus* (Oppel,
Pal. Mitth. Taf. 67 Fig. 2a, b; Loriol, Baden Taf. 15 Fig. 8).
Vielleicht dürfte *Amm.* *Carpathicus* (Zittel, Stramberg Taf. 18
Fig. 4 u. 5) in der tithonischen Stufe zur Nachkommenschaft des
Amm. *Balderus* oder *planula* gehören. Eine Abänderung des *Amm.*
Balderus mit weiter auseinanderstehenden Rippen ist *Amm.* *Römeri*
(C. Mayer, Journal de Conchyliologie 1864 vol. 13 Taf. 7 Fig. 2;
Loriol, Baden Taf. 15 Fig. 6), welcher eine treffliche Leitmuschel
für die Klettgauer Wangenthalschichten (obere Abtheilung
der Zone des *Amm.* *bimammatus*) bildet. Ferner wird sich *Amm.*
Sautieri (Fontannes, Crussol Taf. 16 Fig. 1 und 1a, Taf. 17
Fig. 1 u. 1 a, Taf. 18 Fig. 1 u. 1a) der Tenuilobatus-Schichten
von der Planula-Gruppe ableiten, und der sehr ähnliche *Amm.*
Malletianus (Fontannes, Crussol Taf. 16 Fig. 2 und 2 a, Taf. 17
Fig. 2) mag aus *Amm.* *Sautieri* dadurch entstanden sein, dass die
einfachen Rippen ganz verschwanden und auf dem letzten Umgange
sich zu den zweispaltigen auch noch dreispaltige Rippen hinzu-

gesellten. In den Klettgauer Polyplocus-Schichten finden sich Ammoniten, die bis zu einem gewissen Grade mit *Amm. Sautieri* übereinstimmen, an denen jedoch auf dem äusseren Umgange die Rippen, namentlich auf der gegen die Naht hin liegenden Hälfte der Seitenflächen, in ähnlicher Weise verschwinden wie bei *Amm. Catrianus* (Zittel, Tithon Taf. 33 Fig. 3). Solche Formen leiten hinüber zu *Amm. fasciatus* (Quenstedt, Ceph. Taf. 20 Fig. 11) und *Amm. strictus* (Zittel, Tithon Taf. 32 Fig. 4). Diese ganz glatten Formen, auf die sich von ihren Vorfahren nur noch die sogen. „Einschnürungen" vererbt haben, und bei denen die Loben ausserdem erheblich reducirt erscheinen, müssen als die p a r a c m a s t i s c h d e g e n e r i r t e n Schlussglieder der in Rede stehenden Entwickelungsreihe aufgefasst werden.

Wenn wir nochmals zur Planula-Gruppe zurückkehren und damit *Amm. Heimi* (Favre, Acanthicus-Zone Taf. 5 Fig. 3 a, b) vergleichen, so wird es sehr wahrscheinlich, dass derselbe ebenfalls hier seinen Ursprung nimmt, denn bei Planula-Ammoniten begegnet man zuweilen schon auf dem äusseren Umgange solchen tief gegen die Naht hin gespaltenen Rippen, wie sie bei *Amm. Heimi* vorherrschend sind. Diese schöne Form der Acanthicus-Schichten dürfte dann in der tithonischen Stufe an *Amm. abscissus* (Zittel, Stramberg Taf. 19) einen Descendenten haben.

Auch *Ammonites Favaraensis* (Favre, Acanthicus-Zone Taf. 6 Fig. 3 a, b) schliesst an die Planula-Gruppe an und leitet zu *Amm. Venetianus* (Zittel, Tithon Taf. 33 Fig. 8 a, b) hinüber, indem die zweispaltigen Rippen nach und nach den einfachen das Feld räumen.

Von *Ammonites contortus* (Neumayr, Jurastudien Taf. 21 Fig. 1 a, b; Favre, Acanthicus-Zone Taf. 5 Fig. 5, 5 b), der den soeben besprochenen Entwickelungsreihen zum Ausgangspunkt diente, leitet sich auch der in den Acanthicus-Schichten verschiedener Gegenden vorkommende *Amm. Doublieri* (Fontannes, Crussol Taf. 17 Fig. 3, 3 a; Favre, Voirons Taf. 4 Fig. 2 u. 3; Loriol, Baden Taf. 16 Fig. 6 u. 7) ab; ebenso der *Amm. Agrigentinus* (Favre, Acanthicus-Zone Taf. 5 Fig. 6 a, b und 7 a, b), welchem sich dann zunächst das von Favre (Acanthicus-Zone Taf. 6 Fig. 1 a—c) abgebildete Exemplar des *Amm. teres* anschliesst. Hier sind die dichotomen Rippen schon grösstentheils

wieder in einfache aufgelöst, und es stellt diese Varietät die
Verbindung her mit der von Neumayr (Acanthicus - Schichten
Taf. 40 Fig. 4) von seinem *Amm. teres* abgebildeten Exemplar,
welches auf den äusseren Windungen nur noch einfache, gegen
die Mündung hin weit auseinander stehende Rippen wahrnehmen
lässt.*)

In dem nahezu glatten *Ammonites lytogyrus* (Zittel, Tithon
Taf. 33 Fig. 1 a—c) mit reducirten Loben begegnet man dann
wieder der paracmastischen Degeneration der soeben beschriebe-
nen Entwickelungsreihe.

Siebentes Kapitel.

Stammesgeschichte der Planulaten oder Perisphincten.

Entwickelung der Planulaten im Allgemeinen. — Der Lacertosus-
Ast. — Die Colubrinus-Reihe. — Der Cimbricus-Zweig. — Der Orion-
Zweig. — Der Plicatilis-plebejus-Ast. — Der Polygyratus-Ast. —
Der Achilles-Zweig. — Der Metamorphus-Ast.

Bei den soeben betrachteten, von der Gruppe des *Ammonites
annularis* ausgehenden Entwickelungsreihen haben wir, bei Verfolgung derselben von den älteren zu den jüngeren Schichten, die
Beobachtung gemacht, dass die zweitheiligen Rippen meist durch
eine immer tiefer gehende Spaltung zuletzt in einfache Rippen zer-
fallen, oder dass da, wo die zweitheiligen Rippen sich nicht ver-

---

*) Neumayr hat bereits auf den Zusammenhang von *Amm. contortus*,
Agrigentinus und *teres* hingewiesen und darauf aufmerksam gemacht, dass bei
der Entwickelung der Gattung *Simoceras*, wozu diese Arten gestellt werden,
die gespaltenen Rippen durch einfache auf der Wohnkammer weiter ausein-
andertretende und mehr anschwellende Rippen verdrängt werden. (Vergl. Neumayr, Acanthicus-Schichten S. 186 und Zeitschr. d. Deutsch. geol. Gesellsch.
1875 S. 941.)

drängen lassen, doch nur ausnahmsweise etwa noch einzelne dreitheilige hinzutreten.

Ganz anders verhält sich die Sache nun bei denjenigen
Ammoniten-Gruppen, welche jetzt zunächst unsre Aufmerksamkeit
in Anspruch nehmen werden. Wir werden zwar hier ebenfalls auf
Stammformen mit zweispaltigen Rippen hingewiesen, aber
die daraus hervorsprossenden divergirenden Entwickelungsreihen
gehen niemals in der Weise zu einfachen Rippen zurück, wie wir dies
im vorhergehenden Kapitel gesehen haben. Wenn wir auch hier
auf den Seiten der äusseren Windungen grösserer Individuen
zuweilen einfachen wulstigen Rippen begegnen, so sind dieselben
doch, wie wir weiter unten darthun werden, auf ganz andere Art
entstanden.

Die in diesem Kapitel zu besprechenden Ammoniten, welche in
engerem Sinne zu den Planulaten oder zu Waagen's Gattung
Perisphinctes gehören, zeichnen sich im Allgemeinen vor den im
vorigen Kapitel behandelten, grösstentheils den Gattungen *Peltoceras*
Waagen und *Simoceras* Zittel zufallenden Ammonitengruppen dadurch
aus, dass sich im Verlaufe ihrer Entwickelungsreihen eine immer
stärker hervortretende Vielspaltigkeit der Rippen
geltend macht, welche bei der Gruppe des *Amm. polyplocus*
den Höhepunkt erreicht. So oft man übrigens solche Ammoniten
der verschiedenen Planulatengruppen, welche auf den äussern
Umgängen mit vielspaltigen Rippen bedeckt erscheinen, bis zu
den innersten Windungen verfolgen kann, so bemerkt man, dass
gegen das Centrum hin diese Vielspaltigkeit der
Rippen mehr und mehr nachlässt, bis zuletzt nur noch
zweitheilige Rippen auf einem Theile der inneren Windungen
vorhanden sind. So verrathen selbst oft die eigenthümlich abge-
änderten riesigen Planulatenformen des mittleren weissen Jura
ihren Ursprung von den sogenannten „Biplex-Ammoniten", und
in der That sind auch die ältesten bisher nachgewiesenen typischen Perisphinctes-Arten mit weit vorspringendem Nahtlobus
wirklich Formen mit vorherrschend zweitheiligen Rippen.

Wenn man Gelegenheit hat, die inneren Windungen von
Perisphinctes-Formen von da an, wo sie mit zweispaltigen Rippen
bedeckt erscheinen, noch weiter gegen den Anfang hin zu verfolgen, so bemerkt man indess selbst bei verschiedenen Gruppen,

dass zuletzt die Rippen ganz verschwinden und dann ein völlig glatter Kern, oft noch von mehr als zwei Windungen gebildet, erscheint. Quenstedt hat auch bereits diese glatten Anfänge von einigen Planulaten- oder Perisphinctes-Arten abgebildet, so z. B. von *Ammonites funatus (triplicatus)* im Jura Taf. 64 Fig. 17 und von einem Ammoniten der Plicatilis-Gruppe (Jura Taf. 73 Fig. 15). Es ist weiter bemerkenswerth, dass diese inneren glatten und meist noch die unmittelbar daran anstossenden biplexartigen Windungen immer breiter, oft sehr viel breiter, als hoch sind, es mögen nun die daran anschliessenden Umgänge auf dem äusseren Theile der Ammonitenscheiben eine Form annehmen, welche sie wollen, z. B. etwa sehr hochmündig und flach erscheinen.

Die uns hier interessirenden Planulaten sind im Allgemeinen durch einen stark entwickelten und meist tief herabhängenden Nahtlobus charakterisirt (man vgl. etwa Quenstedt, Ceph. Taf. 12 Fig. 1 u. 4 a, sowie Taf. 13 Fig. 7 c), wodurch sie sich vor manchen Nachkommen des *Ammonites annularis* auszeichnen, bei denen der Nahtlobus in vielen Fällen eine weit geringere Ausbildung zeigt. Dieser Nahtlobus ist bei den typischen Planulaten oft so vorherrschend entwickelt, dass der zweite Seitenlobus gewissermassen seine Selbständigkeit aufgibt und als erster schiefstehender Hauptast am Nahtlobus erscheint, und bei *Ammonites Achilles* (d'Orbigny, Terr. jur. Taf. 206) nimmt der Nahtlobus so ungewöhnliche Dimensionen an, dass seine Aeste sogar mit denjenigen des ersten Seitenlobus in Berührung kommen.

Verfolgt man indess bei den Planulaten mit tief herabhängendem Nahtlobus die Lobenlinien bis auf die inneren Umgänge, so bemerkt man, dass gegen das Centrum hin dieselben sich sehr vereinfachen und namentlich auch die bevorzugte Entwickelung des Nahtlobus ganz nachlässt, so dass die Loben auf einem Theile dieser inneren Windungen wieder ungemein an die einfachen Scheidewandzeichnungen der Liasplanulaten erinnern; noch weiter gegen die Embryonalblase hin nehmen dieselben dann sogar eine ganz ceratitenartige Einfachheit an.

Jeder, der sich eingehender mit Untersuchungen über die Planulaten beschäftigt hat, gesteht ein, dass hier die Arten in

höchstem Grade unsicher begrenzt und durch eine M e n g e v e r -
m i t t e l n d e r Z w i s c h e n f o r m e n u n t e r e i n a n d e r v e r k n ü p f t
seien. Aber trotzdem die Arten hier vielfach so unmerklich in
einander verlaufen, stösst doch die Feststellung des Planulaten-
stammbaums zuweilen auf gewisse Schwierigkeiten. Gerade weil
die aus den „Biplexformen" sich entwickelnden divergirenden
Formenreihen oft noch durch mehrere Schichtengruppen hindurch
durch die f o r t l e b e n d e n v e r m i t t e l n d e n Z w i s c h e n g l i e d e r
unter einander zusammenhängen oder gewissermassen zusammen-
geleimt erscheinen, so ist man z. B. in einigen Fällen im Zweifel, ob diese oder jene Formengruppe jüngerer Schichten sich
auch erst aus einer jüngeren Form der durch den ganzen oberen
Jura hindurchsetzenden Biplexreihe abzweige, oder ob sie sich
noch an die Descendenten älterer Biplexformen anschliesse, indem
die verbindenden Glieder zuweilen für den einen Fall gerade so
gut als für den andern sprechen. Uebrigens sind diese Schwierigkeiten eigentlich von gar keiner Bedeutung, und es stehen vielmehr solche Erscheinungen, nämlich die noch längere Zeit anhal-
tende Fortdauer der Zwischenformen mit den theoretischen Voraus-
setzungen der Descendenztheorie im Einklange. Es ist überhaupt
von besonderem Interesse, bei den Planulaten zu verfolgen, wie
sich aus einem scheinbaren Formenchaos im Laufe der Zeiten
ganz bestimmte und sehr von einander abweichende Formengruppen aussondern.

Ich will nun versuchen, in den folgenden Zeilen den Stamm-
baum (vergl. Stammtafel Nr. III) eines grösseren Theiles der
Planulaten- oder Perisphinctes-Gruppe zu begründen, wie sich
mir derselbe aus länger fortgesetzten Studien ergab, wobei ich
Gelegenheit hatte, ein sehr grosses Material der verschiedensten
Formen in den Kreis meiner Beobachtungen hereinzuziehen.

Einer der ältesten typischen Vertreter der Planulaten mit
tief herabhängendem Nahtlobus ist der im U n t e r o o l i t h vorkommende *Ammonites Martinsi* (d'O r b i g n y, Terr. jurr. Taf. 125)
und dieser ist zugleich ein Biplex-Ammonit, nämlich eine Form
mit z w e i s p a l t i g e n R i p p e n. Diesem schliesst sich im B a t h-
o o l i t h, wie N e u m a y r nachgewiesen hat, die Gruppe des *Amm.*
aurigerus an (N e u m a y r, Balin Taf. 12 Fig. 4 a, b). Aber auch
Amm. evolutus (N e u m a y r, Balin Taf. 14 Fig. 2 a, b) wird sich

von *Amm. Martinsi* ableiten. Diese rundmündige Form der Kelloway-Schichten steht dann im innigsten Zusammenhang mit denjenigen Biplexformen der Zone des *Amm. transversarius*, von welchen Favre (Voirons Taf. 3 Fig. 6 a, b, 7 a—c; Terr. oxford. Taf. 5 Fig. 4 a, b) kleine und mittelgrosse Exemplare als *Amm. Pralairei* abgebildet hat und von welchen Quenstedt (Jura Taf. 73 Fig. 14—16) die inneren Windungen als *Amm. convolutus impressae* bezeichnet. Diese Biplex-Ammoniten mit langsam anwachsenden, rundlichen Windungen variiren etwas bezüglich der Anzahl ihrer Rippen; während dieselben bei den einen ziemlich gedrängt erscheinen, sind sie bei andern etwas weiter auseinander gerückt. Aus Vertretern der letzteren Varietät, welche durch die Bimammatus-Zone hinauf vereinzelt fortsetzen, entwickelt sich dann in der Polyplocus-Region der Acanthicus-Schichten eine charakteristische Planulatengruppe, von welcher erst in der neueren Zeit durch Fontannes und Loriol vortreffliche Abbildungen geliefert wurden, und welche mir ebenfalls schon längere Zeit aus den oberbadischen Jura-Gegenden bekannt war. Ich meine die Gruppe des *Amm. lacertosus* (Fontannes, Crussol Taf. 15 Fig. 1 u. 1 a; Loriol, Baden Taf. 6 Fig. 1, 1 a) und *Amm. Crusoliensis* (Fontannes, Crussol Taf. 14 Fig. 3 u. 3 a; Loriol, Baden Taf. 5 Fig. 6—8). Der erstere schliesst sich zunächst an die Gruppe des *Amm. Pralairei* an, und *Amm. Crussoliennis* entwickelte sich dadurch aus *Amm. lacertosus*, dass die zweispaltigen Rippen auf der Wohnkammer noch weiter auseinander traten. Wenn wir für die letztgenannten beiden Arten die soeben citirten Fontannes'schen Figuren als die Normalformen betrachten, so stellt Loriol's Fig. 7 auf Taf. 5 (Baden) die Verbindung zwischen den beiden Species her. *Amm. Crusoliensis* hat dann im Tithon an *Amm. Albertinus* (Zittel, Tithon Taf. 34 Fig. 1) einen Nachfolger. Somit konnten wir bereits eine Biplex-Reihe aus dem Unteroolith bis in die jüngsten jurassischen Ablagerungen hinauf verfolgen, bei welcher indess die Schlussglieder bedeutend von dem Ausgangspunkte verschieden sind, indem sich ein immer stärker hervortretendes Auseinanderrücken der Rippen bemerklich machte.

Von demjenigen Gliede der soeben betrachteten Reihe, das wir als *Ammonites lacertosus* kennen gelernt haben, zweigen sich noch einige weitere Arten ab. So dürfte der von Neumayr aus den Acanthicus-Schichten von Brentonico und Csofranka abgebildete *Amm. acer* (Acanthicus-Schichten Taf. 37 Fig. 1, Taf. 38 Fig. 1 a, b u. 2 a, b) zunächst in der innigsten Beziehung zu *Amm. lacertosus* stehen. Dasselbe gilt für *Ammonites rotundus* (d'Orbigny, Terr. jur. Taf. 216 Fig. 4 u. 5), den ich auch in den Klettgauer Polyplocus-Schichten fand, und für *Amm. giganteus* (d'Orbigny, Taf. 221) aus dem Portlandien. Bei diesen drei Arten gehen die groben Rippen auf den äusseren Windungen grösstentheils zur Dreitheilung über, während bei *Amm. lacertosus* und *Crusoliensis* die zweitheiligen vorherrschen und dreitheilige Rippen erst ganz vereinzelt auf dem letzten Umgange auftreten. Bei *Amm. giganteus* macht sich ausserdem auf dem letzten halben Umgange bereits das Verschwinden der Theilungsrippen in der Rückengegend bemerklich, so dass nur auf den Seiten die den primären Rippen entsprechenden Wülste stehen bleiben. Es ist dies eine Veränderung, welche, wie wir in der Folge noch sehen werden, die Planulaten verschiedener Gruppen im Alter erleiden, und die sich dann auch auf frühere Entwickelungsstadien fortpflanzen kann, so dass dadurch ganz eigenthümliche, nackte Formen entstehen.

Eine rundmündige, mittelgrosse Biplexform der Pralairei-Gruppe, welche etwas gedrängter stehende Rippen zeigt als jene Varietät, von der die Lacertosus-Reihe ihren Ausgang nahm, setzt von den Transversarius-Schichten mit sehr geringen Abänderungen bis in die jüngsten jurassischen Ablagerungen fort, wie dies schon aus der Betrachtung einiger Figuren, welche Exemplare aus verschiedenen Schichtengruppen des weissen Jura darstellen, hervorgehen wird. In den Bimammatus-Schichten ist es die von Quenstedt (Ceph. Taf. 12 Fig. 6 a, b) als *Amm. biplex β* bezeichnete Form, welche hierher gehört, und in der Zone des *Amm. tenuilobatus* hat unsere Reihe an *Amm. colubrinus* (Quenstedt, Taf. 12 Fig. 10 a, b) einen Vertreter, welche Art dann durch die Zone des *Amm. pseudomutabilis* und *Eudoxus* hindurch bis in die tithonische Stufe fortsetzt, wie uns die Abbildungen von Zittel (Tithon Taf. 33 Fig. 6, Taf. 34 Fig. 4 u. 5) zeigen mögen. Die letzten zwei Figuren, welche eine etwas gröber gerippte Abänderung mit weiter auseinanderstehenden Rippen darstellen, erinnern dann auch wieder an das von Loriol (Baden Taf. 5 Fig. 6) abgebildete Exemplar, welches derselbe schon zu *Amm. Crusoliensis* stellt, und mahnen uns daran, dass Uebergangs-formen zwischen den feinen und grobrippigen Biplex-Ammoniten, zwischen der Crusoliensis- und Colubrinus-Reihe, selbst im Tithon noch nicht ausgestorben sind. Dem *Amm. colubrinus* wird wohl auch der von Loriol, (Boulogne Taf. 4 Fig. 1) aus dem Port-landien inférieur abgebildete *Amm. Bleicheri* stammverwandt sein. Quenstedt (Jura S. 593) und besonders Neumayr (Acanthicus-Schichten, S. 172) haben bereits hervorgehoben, dass ganz verschiedenen Gruppen angehörende Planulaten und Verwandte derselben in mehr oder minder starkem Grade dazu geneigt sind, in der Medianlinie des Rückens eine Unter-brechung der Rippen entwickeln zu lassen, und dass sich dies Bestreben in verschiedenen Schichten immer von Neuem wiederholt. Wir haben bereits bei den Nachkommen des *Ammonites annularis* derartige Beispiele gesehen und werden im Verlaufe unserer Betrachtungen über die Planulaten noch mehrere kennen lernen. So zweigt sich gerade auch von der Colubrinus-Reihe eine Seitenlinie mit auf dem Rücken unter-brochenen Rippen ab. Die Fig. 3 a, welche Loriol (Baden Taf. 6) als *Ammonites colubrinus* bezeichnet, zeigt schon die An-deutung einer Rückenfurche. In diesem ersten Entwickelungs-stadium derselben gehen die Rippen eigentlich noch ununter-brochen über den Rücken hinweg und sind nur über dem Sipho etwas weniger stark ausgeprägt als sonst. Es treten diese ersten Andeutungen einer Rückenfurche bei den Planulaten ungemein häufig auf, sind aber dann meistens so schwach, dass sie oft erst bei schief auffallendem Licht bemerkbar werden. Oft macht sich die Furche auch erst innerhalb der Wohnkammer bemerklich. Jene Colubrinus-Varietät, welcher die soeben citirte Loriol'sche Figur angehört, leitet dann hinüber zu *Amm. cimbricus* Neumayr (Acanthicus-Schichten Taf. 39 Fig. 2 a, b), welcher bereits eine stärker ausgeprägte Rückenfurche zeigt; und wie Neumayr bereits hervorgehoben hat, muss man dann in den älteren Tithonschichten den *Amm. rectefurcatus* (Zittel, Tithon Taf. 34 Fig. 7 a, b — wurde auf der Tafel irrthümlich als *Venetianus* bezeichnet) wiederum als den Nachfolger des *Amm.*

cimbricus betrachten. Ferner dürfte sich in den Stramberger
Schichten der *Amm. eudichotomus* (Zittel, Stramberg Taf. 21
Fig. 6 u. 7) dieser Reihe anschliessen.

Kehren wir nun, nachdem wir den Stammbaum der
Biplex-Gruppe etwas näher kennen gelernt haben, nochmals
zu einer früheren Stammform, nämlich zu *Amm. evolutus* (Neumayr, Balin Taf. 14 Fig. 2), zurück. Es ist höchst wahrscheinlich, dass von dieser Art auch die im Ornatenthon nicht selten
vorkommende Form, welche als *Amm. Orion* (Neumayr, Balin
Taf. 10 Fig. 2) oder *Amm. convolutus gigas* (Quenstedt, Ceph.
Taf. 13 Fig. 6 a, b) bezeichnet wird, ihren Ursprung nimmt. Bei
diesem *Amm. Orion*, der in ähnlicher Weise rundliche Windungen
zeigt wie *Amm. evolutus*, sind die Rippen auf den äusseren Umgängen bereits mehrfach gespalten, während dieselben im Innern
nur zweispaltig sind, wie bei *Amm. evolutus* zeitlebens. Sehr oft
zeigt sich auch eine leichte Rückenfurche, welche auch auf der
Quenstedt'schen Figur angedeutet ist. Diese hat sich dann
bis zur vollständigen Unterbrechung der Rippen ausgebildet bei
Amm. Freyssineti (Favre, Acanthicus-Zone Taf. 4 Fig. 4 a, b),
welche Form aus der Zone des *Amm. acanthicus* wir als einen
Sprössling der Orion-Gruppe anzusehen haben.

Weiter oben haben wir bereits darauf hingewiesen, dass von
Amm. Martinsi (d'Orbigny, Terr. jur. Taf. 125), den wir als
den Stammvater des *Amm. evolutus* betrachteten, sich auch *Amm.
aurigerus* (Neumayr, Balin Taf. 12 Fig. 4 a, b u. 5) ableite.
Die Gruppe des *Amm. aurigerus*, welche in den Bath- und Kelloway-
Schichten (Callovien) verbreitet ist, zeichnet sich im Allgemeinen
durch ziemlich dicht stehende zweispaltige Rippen aus. Varietäten derselben, bei welchen der Durchschnitt der äusseren Umgänge den Charakter eines länglichen Rechteckes annimmt, vermitteln den Uebergang zu der Gruppe des *Amm. plicatilis* (d'Orbigny, Terr. jur. Taf. 192, hier als *Amm. biplex* bezeichnet;
Favre, Voirons Taf. 3 Fig. 1, 2 a, b u. 3 a, b; Quenstedt,
Jura Taf. 73 Fig. 18, als *biplex impressae* bezeichnet), welche
besonders die Schichten des *Amm. transversarius* bevölkert. Die
Normalform der Plicatilis-Ammoniten mit den scharfen, erst hoch
am Rücken in zwei Aeste gespaltene Rippen; Seiten und Rücken
abgeplattet, so dass die äusseren Umgänge einen charakteristisch

vierseitigen Querschnitt zeigen, bilden einen leicht zu erkennenden Ammonitentypus, der indess nach mehreren Richtungen hin ganz allmählich in andere Formen verläuft. Die äusseren Windungen sind bei *Amm. plicatilis*, wie auch bei dem grössten Theile seiner Nachfolger, ziemlich viel höher als breit. Die inneren Windungen dagegen zeigen jenen rundlichen Querschnitt, der den Nachkommen des *Ammonites evolutus* auch in vorgeschrittenem Lebensalter noch eigenthümlich ist. Diese oben betrachteten rundmündigen Biplexformen, die Gruppen oder Aeste des *Amm. lacertosus* und *colubrinus*, entsprechen somit einem älteren Entwickelungsstadium, gewissermassen dem Grundtypus, aus dem sich der grosse Formenreichthum der Planulaten entwickelte; denn so oft man Planulaten aus den verschiedensten Gruppen bis zu den innersten Windungen verfolgen kann, zeigen sie als Kern einen kleinen, rundmündigen „Biplex", nämlich Windungen, an denen der Querschnitt oder die Mündung wenigstens so breit wie hoch, meistens aber noch breiter als hoch ist. D'Orbigny hat (Taf. 192 Fig. 3—6) solche innere Windungen vom *Amm. plicatilis* gut abgebildet. Auch bei Quenstedt (Jura Taf. 73 Fig. 14—16) finden sich solche Biplex-Anfänge, die ebensogut dem *Amm. plicatilis* wie dem *Pralairei* angehören können, indem diese beiden sich in diesem Alter noch nicht von einander unterscheiden lassen. Bei dieser Grösse sind die Windungen der Plicatilis-Ammoniten also noch bedeutend breiter als hoch, und weiter gegen innen werden sie noch immer breiter und niedriger. Kerne von der geringen Grösse wie Quenstedt's Fig. 15 auf Taf. 73 im Jura sind dann meistens auch vollständig glatt und überraschen bis gegen die Embryonal-Blase hin mit Loben von ceratitenartiger Einfachheit, während die Loben auf den äusseren Windungen des *Amm. plicatilis* von der Beschaffenheit sind, wie sie d'Orbigny (Terr. jur. Taf. 191 Fig. 3) für eine eigenthümliche Abänderung dieser Ammonitengruppe zeichnet, für die Oppel (Pal. Mitth. S. 247) den Namen *Amm. Martelli* vorgeschlagen hat.

Die Plicatilis-Ammoniten gehen aus ihrem Hauptlager, den Transversarius-Schichten, auch noch etwas tiefer hinab in den Horizont des *Amm. cordatus*, um dann, wie schon erwähnt, gegen

die Kelloway-Schichten hinunter sich mit der Gruppe des *Amm.*
aurigerus zu verbinden. Ebenso gehen andrerseits einige Varietäten bis in die Zone des *Amm. bimammatus* hinauf. In den im Klettgau dieser Zone angehörenden Wangenthalschichten finden
sich öfters Planulaten, die sich sehr gut mit *Amm. plebejus* (Neumayr, Acanthicus-Schichten Taf. 35 Fig. 3) identificiren lassen,
die aber auch auf das Engste mit den gröber gerippten Varietäten des *Amm. plicatilis*, welche von Favre (Voirons Taf. 3
Fig. 1 u. 2) dargestellt wurden, verbunden sind. Zu den Biplex-
Rippen des *Amm. plebejus* gesellen sich auf dem letzten Umgange
zuweilen auch einzelne dreifach getheilte. Es setzt diese Planu-
laten-Art dann auch aus der Bimammatus-Zone in jüngere
Ablagerungen fort, und in den Acanthicus-Schichten stehen *Amm.*
Garnieri (Fontannes, Crussol Taf. 10 Fig. 2, 3 u. 3a), sowie
Amm. Championneti (Fontannes, Crussol Taf. 9) mit derselben
im Zusammenhang, so dass diese beiden Arten durch *Amm.*
plebejus mit der Plicatilis-Gruppe verbunden werden.

Bis jetzt haben wir vorerst diejenigen Nachkommen der
Plicatilis-Gruppe verfolgt, welche vorzugsweise bei den zweitheiligen Rippen stehen bleiben und nur ausnahmsweise auf dem
letzten Umgange dreifach gespaltene darunter mischen. Nun zweigt
sich aber von den Plicatilis-Ammoniten eine weitere Formengruppe ab, die besonders in den Acanthicus-Schichten zur Entwickelung kommt, und die bereits zu einer Mehrtheilung der
Rippen fortgeschritten ist. Schon in den Transversarius-
Schichten gesellen sich auf dem letzten Umgange mittelgrosser
Individuen des *Amm. plicatilis* zu den zweitheiligen auch dreitheilige Rippen, und gegen die Mündung hin gewinnen die
etzteren manchmal die Oberhand. Die Vertreter der Plicatilis-
Gruppe variiren auch hinsichtlich der Grösse nicht unbedeutend.
Ich besitze ein wohlerhaltenes Exemplar, das bei einem Durchmesser von 150 Mm. schon einen ganzen Umgang Wohnkammer
mit gut erhaltenem Mundsaum wahrnehmen lässt und anscheinend
ausgewachsen ist; die letzte Windung zeigt schon grösstentheils
dreitheilige Rippen, während die inneren Umgänge genau mit
d'Orbigny's Abbildung auf Taf. 192 Fig. 1 u. 2 übereinstimmen.
Nun soll aber der von d'Orbigny (Terr. jur. Taf. 191) in vier-
facher Verkleinerung abgebildete *Amm. Martelli* gegen 400 Mm.

im Durchmesser haben. Von mittelgrossen Formen des *Amm.*
plicatilis mit dreitheiligen Rippen auf dem äusseren Umgange
stammen nun jedenfalls jene gefälligen, sehr wenig involuten
Scheiben ab, welche man in den Schichten des *Amm.* *polyplocus*
oftmals findet, und wovon Loriol (Baden Taf. 7 Fig. 1) eine
gute Abbildung unter der Bezeichnung *Amm. polygyratus* lieferte.
Hier sind die dreitheiligen, ebenfalls erst in der Nähe des Rückens
gespaltenen Rippen schon wieder viel weiter gegen die inneren
Windungen vorgerückt. In den Bimammatus-Schichten finden
sich zuweilen schon ähnliche Formen, die den Uebergang zu den
Plicatilis-Ammoniten vollständig vermitteln; namentlich am
Hundsrück, bei Streichen, östlich von Balingen in Würtemberg
sind diese Uebergangsformen mit einem Gemisch von zwei- und
dreispaltigen Rippen gut vertreten; Oppel (Pal. Mitth. S. 246)
hat dieselben als *Amm. Tiziani* beschrieben. Mit *Amm. polygy-*
ratus ist dann *Amm. Ernesti* (Loriol, Baden Taf. 8 Fig. 1) auf
das Innigste verknüpft. Bei dieser schönen Art sind die Rippen
auf dem letzten Umgange dann gewöhnlich schon grösstentheils
in vier Aeste gespalten. Als einen weiteren Descendenten der
Polygyratus-Gruppe dürfen wir auch den *Amm. Eggeri* Ammon*)
betrachten, der namentlich in der Involubilität Fortschritte gemacht hat.

Bei grossen und mittelgrossen Planulaten hat man öfters Gelegenheit, die Beobachtung zu machen, dass etwa auf dem letzten
Umgange die Theilungs- oder Secundär-Rippen, welche die Rückengegend zu bedecken pflegen, zunächst an Deutlichkeit abnehmen
und allmählich ganz verschwinden, so dass der Rücken glatt erscheint und nur die primären Rippen auf den Seiten der Windungen noch allein vorhanden sind. Oftmals treten diese Rippen-
reste dann auch noch weiter auseinander und schwellen meistens
zu wulstigen Erhöhungen an. Es mögen diese Verhältnisse ver-
anschaulicht werden durch d'Orbigny's Fig. 1 u. 2, Terr. jur.
Taf. 207, welche die auf ein Sechstel der natürlichen Grösse reducirten Abbildungen seines *Amm. Achilles* vorstellen. Dieser *Amm.*

---

*) L. v. Ammon, die Jura-Ablagerungen zwischen Regensburg und Passau,
1875. S. 180 Taf. 2 Fig. 2.

Achilles aus dem Corallien von La Rochelle, welcher nach den Beobachtungen von Neumayr (Acanthicus-Schichten S. 180) etwas verschieden ist von den aus Süddeutschland unter diesem Namen aufgeführten Planulaten, leitet sich ebenfalls von der Gruppe des *Amm. plicatilis* ab und wird seinen Ursprung zunächst von einer der grossen Varietäten dieser Sippschaft genommen haben. Seine inneren Windungen, welche d'Orbigny auf Taf. 206 (Terr. jur.) besonders abgebildet hat, machen ganz den Eindruck wie bei *Amm. plicatilis* oder *polygyratus.* Die zuerst nur zweitheiligen Rippen spalten sich dann bald in drei Aeste; die Spaltung nimmt gegen die äusseren Windungen immer mehr zu, bis kurz vor dem Verschwinden der Secundär-Rippen deren 5—6 auf eine Primär-Rippe kommen. 'An süddeutschen Exemplaren, die sich gewöhnlich durch einen etwas weniger entwickelten Nahtlobus von den französischen unterscheiden, und die wir nach dem Vorgange von Neumayr ebenfalls vorläufig als *Amm. cf. Achilles* bezeichnen wollen, ist das bei dem d'Orbigny'schen *Amm. Achilles* erst auf dem letzten halben Umgange bemerkbare Entwickelungsstadium, das sich durch das Verschwinden der Secundär-Rippen auszeichnet, oft schon ziemlich weiter gegen die inneren Windungen vorgeschritten. Von der Stelle, wo die Secundär-Rippen noch vorhanden sind, lässt sich dann gegen das Centrum hin gleichfalls eine allmähliche Abnahme der Vielspaltigkeit der Rippen verfolgen, bis zuletzt auch nur noch zweitheilige Rippen vorhanden sind. Bei mehreren grösseren Exemplaren konnte ich ausserdem beobachten, wie bei dem innersten Biplexkern die Windungen, ganz wie bei *Amm. plicatilis*, ebenfalls breiter als hoch sind, während bei den äusseren Umgängen das Gegentheil stattfindet. Wenn ich *Amm. ptychodes* Neumayr (Acanthicus-Schichten Taf. 36) richtig beurtheile, so scheint mir dies ein Achilles-artiger Planulat zu sein, bei welchem das letzte, durch das Fehlen der Secundär-Rippen charakterisirte Entwickelungsstadium dieser Gruppe schon einen grossen Theil der Windungen beherrscht; ich kenne nämlich Ammoniten aus den Klettgauer Polyplocus-Schichten, bei denen dies letztere der Fall ist, und die ich mit *Amm. ptychodes* identificiren zu können glaubte. Neumayr hat auch bereits darauf hingewiesen, dass diese Art zur Nachkommenschaft der Gruppe des *Amm. plicatilis* zu rechnen sei.

Bevor wir uns zur Betrachtung einer anderen Entwickelungsreihe der Planulaten wenden, mögen hier noch einige Bemerkungen über zwei tithonische Arten Platz finden, welche durch ihre inneren Umgänge den Ursprung von der Plicatilis-Gruppe verrathen; es sind dies *Amm. contiguus* (Zittel, Tithon Taf. 35 Fig. 1) und *Amm. exornatus* (Zittel, Tithon Taf. 34 Fig. 3, nicht Fig. 2). Während die Biplex-Rippen hier die Windungen noch ziemlich lange beherrschen, treten dann gegen die Mündung hin auf den Seiten die Rippen weit auseinander und schwellen ziemlich an, in ähnlicher Weise wie auf den äusseren Umgängen der grossen Achilles-Ammoniten, aber die Secundär-Rippen bleiben, und es kommen auf eine der angeschwollenen Primär-Rippen eine ganze Anzahl derselben. Bei *Amm. exornatus* tritt dieses Entwickelungsstadium schon ziemlich früher auf als bei *Amm. contiguus*; ob nun demzufolge der letztere als der Stammvater des ersteren zu betrachten ist, weiss ich nicht, denn *Amm. contiguus* scheint ziemlich involuter zu sein als der andere; auch stehen mir zur Entscheidung dieser Frage gegenwärtig keine Naturexemplare zur Verfügung.

Der Planulatengruppe, welcher wir uns jetzt zuwenden wollen, gehören mässig involute, flachscheibenförmige Gehäuse an, die besonders durch ihre zahlreichen, engstehenden Rippen ausgezeichnet sind. Es ist diese Gruppe von den Transversarius-Schichten, wo sie mit den Plicatilis-Ammoniten zusammenhängt, bis in die jungtithonischen Ablagerungen hinauf in den Schichten des weissen Jura durch eine Anzahl sich eng aneinander anschliessender Formen vertreten. In dem Horizonte des *Amm. transversarius* sind es jene nicht selten sich zeigenden charakteristischen Planulaten, von welchen Favre (Voirons Taf. 3 Fig. 4a, b; Terr. oxford. Taf. 5 Fig. 3a—d) die jugendlichen und mittleren Altersstufen als *Ammonites Lucingensis* beschreibt und abbildet, mit denen unsre Gruppe beginnt. Dieser *Amm. Lucingensis* unterscheidet sich von *Amm. plicatilis* (Favre, Voirons Taf. 3 Fig. 1—3; d'Orbigny, Terr. jur. Taf. 192) schon auf den ersten Blick sehr leicht durch seine grössere Involubilität, seine dichtstehenden, fadenförmigen Rippen, welche oft in grösserer Zahl ungespalten über den Rücken verlaufen. In den Transversarius- oder Oegir-Schichten liegen jedoch auch Formen, welche die Verbindung zwischen beiden herstellen. Es gibt z. B. Lucingensis-Ammoniten, welche nahezu den weiten Nabel des *Amm. plicatilis* besitzen; oft sind dann auf solchen Exemplaren die Rippen etwas gröber und wieder bei andern die ungespaltenen Rippen sparsamer. Die letzteren nehmen überhaupt auch bei dem typischen *Amm. Lucingensis* gegen innen zu an Zahl ab, so dass auf den inneren Windungen die Biplexrippen vorherrschen und solche Embryonalkerne sich dann nicht von jenen der Plicatilis-Ammoniten unterscheiden. Sowohl bei *Amm. plicatilis*, als bei seinen Vorläufern mischen sich unter die Biplexrippen einzelne unsgespaltene, und diese sind dann bei den Vertretern der Lucingensis-Gruppe zuweilen sehr zahlreich geworden.

Der von Neumayr (Acanthicus-Schichten Taf. 33 Fig. 7 u. Taf. 34 Fig. 1) aus der Zone des *Amm. acanthicus* abgebildete *Amm. metamorphus*, der sich indess schon in der Zone des *Amm. bimammatus* nachweisen lässt, schliesst sich der Gruppe des *Amm. Lucingensis* innig an und stammt wohl von einer Varietät dieser feinrippigen Planulatengruppe, bei welcher die einfachen Rippen noch nicht so in den Vordergrund getreten sind. Auch *Amm. virgulatus* (Quenstedt, Jura Taf. 74 Fig. 4) und *Amm. Streichensis* (Oppel, Pal. Mitth. Taf. 66 Fig. 3a, b), beide der Zone des *Amm. bimammatus* angehörig, sind Nachkommen der Lucingensis-Gruppe. Es sind bei diesen drei jüngeren Arten die Rippen meist etwas tiefer gespalten als bei der Stammgruppe; besonders tritt dies auf den äusseren Umgängen des *Amm. Streichensis* hervor, der sich ausserdem durch einen ziemlich eng gewordenen Nabel auszeichnet. Die letztgenannte Art hat in den Tenuilobatus-Schichten an *Amm. capillaceus* (Fontannes, Crussol Taf. 10 Fig. 1) einen Nachfolger, und wahrscheinlich bildet *Amm. seorsus* (Zittel, Stramberg Taf. 24 Fig. 1) im Obertithon die Fortsetzung dieser Reihe.

Amm. progeron (Ammon, Jura-Ablagerungen zwischen Regensburg und Passau Taf. 1 Fig. 2 a, b) der Polyplocus- und Similis-Schichten gehört ebenfalls dem Formenkreis des *Amm. metamorphus* an. Die bei letztgenannter Art sich auf dem äusseren Umgange schon

bemerklich machende vermehrte Gabelung der Rippen hat bei
Amm. progeron die Biplexrippen bereits schon wieder weiter
nach innen gedrängt.

Auch der in der Zone des *Amm. pseudomutabilis* und *Eudoxus*
verbreitete *Ammonites Ulmensis* (Oppol, Pal. Mitth. Taf.
74) ist eng mit *Amm. metamorphus* verknüpft und muss in diesen jüngeren Schichten als der Nachfolger des letzteren betrachtet werden.
Indess trifft man in der Gruppe des *Amm. Ulmensis* noch Exemplare, bei welchen bei einem Durchmesser, den Oppel's Abbildung
zeigt, zweispaltige Rippen noch grösstentheils vorherrschen. Diese
in der Entwickelung noch etwas zurückgebliebene Varietät ver-
bindet die Ulmensisgruppe mit dem in den unteren Tithonschichten
vorkommenden *Amm. geron* (Zittel, Tithon Taf. 35 Fig. 3), und
in *Amm. senex* (Zittel, Stramberg Taf. 23) des oberen Tithon
dürfte man vielleicht einen Sprössling der Geron-Gruppe erblicken;
auch scheint der ebenfalls in diesem Horizonte liegende *Amm.
transitorius* (Zittel, Stramberg Taf. 22) in der innigsten Beziehung zu den Nachfolgern des *Amm. Ulmensis* zu stehen. Bei
den beiden letztgenannten Arten kommt eine ausgeprägte Rückenfurche zur Entwickelung, die übrigens schon bei einigen früheren
Gliedern ihrer Ahnenkette, sogar schon bei *Amm. Lucingensis*,
zuweilen leicht angedeutet ist.

Achtes Kapitel.

Stammesgeschichte der Planulaten oder Perisphincten.

(Fortsetzung.)

Die Curvicosta-inconditus-Reihe. — Der Ast der Polyploken und
Involuten. — Die Funatus-Reihe. — Die Albineus-Reihe.

Von der Gruppe des *Ammonites aurigerus*, welche wir als
die Stammgruppe eines grossen Theils der im vorigen Kapitel
besprochenen Perisphinctes- oder Planulaten-Formen betrachten
können, zweigt zunächst noch eine weitere Formenreihe ab, deren
Glieder verschiedene Schichten der Kelloway-Gruppe charakteri-
siren, und die nach Neumayr in nachstehender Reihenfolge ge-
netisch zusammenhängen: *Amm. aurigerus* (Neumayr, Balin
Taf. 12 Fig. 4 a, b); *Amm. curvicosta* (Neumayr, Balin Taf. 12
Fig. 2 u. 3, damit identisch *Amm. convolutus parabolis* Quenstedt, Ceph. Taf. 13 Fig. 2 a, b und Jura Taf. 71 Fig. 10--12);
Amm. subtilis (Neumayr, Balin Taf. 14 Fig. 3, damit identisch *Amm. convolutus ornati* Quenstedt, Ceph. Taf. 13 Fig. 1
und Jura Taf. 71 Fig. 9, sowie *Amm. sulciferus* (Oppel, Pal.
Mitth. Taf. 49 Fig. 4 a, b); *Amm. euryptychus* (Neumayr, Balin
Taf. 12 Fig. 1); *Amm. bracteatus* (Neumayr, Balin Taf. 10 Fig. 4).

Es ist im höchsten Grade wahrscheinlich, dass zu dieser
Formenreihe auch jene in den Tenuilobatus-Schichten verbreiteten
Planulaten in einem genetischen Verhältnisse stehen, welche man
als *Amm. polyplocus parabolis* (Quenstedt, Ceph. Taf. 12
Fig. 5 a, b) oder in der neueren Zeit nach dem Vorgange von
Fontannes als *Amm. inconditus* (Loriol, Baden Taf. 11
Fig. 1, 2, 4 u. 5) bezeichnet. In der Zone des *Amm. bimamma-
tus* liegen Formen, die theils noch sehr nahe mit *Amm. curvi-
costa* verwandt sind, theils mit *Amm. Rütimeyeri* (Loriol, Baden
Taf. 6 Fig. 4) sich vergleichen lassen, und die den Uebergang
von *Amm. inconditus* zu *Amm. curvicosta* vermitteln. Die sog.
Parabelknoten, welche diese Formenreihe auszeichnen, sind zwar

auch noch bei verschiedenen anderen Planulaten vereinzelt zu beobachten; bei der Curvicosta-inconditus-Reihe sind dieselben jedoch b e s o n d e r s g u t v e r t r e t e n und bei den älteren und jüngeren Formen mit einer gewissen Unregelmässigkeit der Rippen vergesellschaftet — Merkmale, die einen genetischen Zusammenhang nicht verkennen lassen. Die Zahl der Secundär-Rippen, in welche sich die Primär-Rippen zerspalten, nimmt in dieser Reihe von den älteren zu den jüngeren Formen ebenfalls immer mehr zu und erreicht auf den äusseren Umgängen des *Amm. inconditus* den Höhepunkt, während die i n n e r e n W i n d u n g e n dieser Art auch nur B i p l e x r i p p e n wahrnehmen lassen. *Ammonites balnearius* (L o r i o l , Baden Taf. 10 Fig. 3—6) mit den unregelmässigen Rippen ist mit *Amm. inconditus* durch Zwischenglieder auf das Engste verknüpft; die Parabelknoten fehlen ihm zuweilen oder sind weniger deutlich ausgeprägt als bei der letztgenannten Art.

Von der Gruppe des *Amm. aurigerus* dürfte sich im Unteroolith auch *Amm. tenuiplicatus* (S c h l ö n b a c h *), *Palaeontographica* Bd. 13 Taf. 29 Fig. 2 a, b) ableiten, und zur Nachkommenschaft des letzteren gehören in den Kelloway-Schichten vielleicht *Amm. Balinensis* (N e u m a y r , Balin Taf. 15 Fig. 2 a—c) und *Amm. furcula* (ebendaselbst Fig. 1 a—c). Den beiden letztgenannten Arten ziemlich nahe verwandte Formen finden sich auch wieder in der höher gelegenen Zone des *Amm. transversarius*; man bestimmt dieselben nach O p p e l (Pal. Mitth. Taf. 65 Fig. 7 a, b) als *Amm. Schilli*. In dieser Art wurzelt dann, wie dies auch N e u m a y r andeutet, unzweifelhaft die in den Tenuilobatus-Schichten so verbreitete charakteristische Gruppe der Polyploken, bei welcher die V i e l t h e i l i g k e i t d e r P l a n u l a t e n r i p p e n i h r M a x i m u m e r r e i c h t , indem auch ziemlich jugendliche Altersstufen schon sehr zertheilte Rippen aufzuweisen haben. In der Zone des *Amm. bimammatus* findet man zuweilen Planulaten, die sich noch eng an *Amm. Schilli* anschliessen, und in der Zone des *Amm. tenuilobatus* sind es Formen, welche man nach F o n t a n n e s als *Amm. lictor* (Crussol Taf. 12 Fig. 1) und

---

*) U. S c h l ö n b a c h, über neue und weniger bekannte jurassische Ammoniten; in D u n c k e r und Z i t t e l, Paläontographica, Bd. 13.

Amm. polyplocus (Crussol Taf. 11) bestimmt, die zunächst die Fortsetzung dieser Reihe bilden. Im weiteren Verlaufe derselben nimmt dann die Vielspaltigkeit der Rippen noch immer mehr zu und bemächtigt sich auch immer mehr der inneren Windungen. Es macht sich indessen von jetzt an auch eine Spaltung dieser Reihe in zwei Aeste bemerklich; während bei dem einen Aste die Involubilität ziemlich gleich bleibt und nur die vielspaltigen Rippen sich gegen innen schieben, werden bei dem andern Aste die Formen auch nach und nach i n v o l u t e r, bis zuletzt ein ganz enger Nabel erscheint.

Um die Entwickelung dieser letzteren Linie zunächst an einigen Figuren zu erläutern, mag darauf hingewiesen werden, dass an die wenig involuten Polyplocus-Form sich zunächst etwas enger genabelte Varietäten wie *Amm. discobolus* (Fontannes, Crussol Taf. 13) und *Amm. fasciferus* (Neumayr, Acanthicus-Schichten Taf. 39 Fig. 1) auf das Innigste anschliessen. Weiter kommt dann *Amm. Güntheri*, von welchem Oppel (Pal. Mitth. Taf. 66 Fig. 1) und Loriol (Baden Taf. 11 Fig. 6) kleinere Individuen abgebildet haben. Hier ist der Nabel noch enger, die vieltheiligen Rippen sind schon ziemlich weit gegen das Centrum gerückt, auch findet man eine t i e f e r g e g e n d i e N a h t g e h e n d e S p a l t u n g derselben. Unmerklich ist dann der Uebergang zu *Amm. involutus* mit noch engerem Nabel, welchen Quenstedt in einem kleineren Exemplar (Ceph. Taf. 12 Fig. 9) abbildete. Mit dieser letzteren Art steht aber auch *Amm. Erinus* (d'Orbigny, Terr. jur. Taf. 212) in Zusammenhang, bei welchem sich die Rippen in der Nahtgegend noch stärker knotenartig verdicken als bei *Amm. involutus*. Bei *Amm. Erinus* bemerkt man zuweilen auch eine V e r s c h w ä c h u n g d e r R i p p e n i n d e r R ü c k e n g e g e n d, die bis zur Bildung eines glatten B a n d e s über dem Sipho gehen kann, wodurch Formen entstehen, die man der im nächsten Kapitel zu besprechenden Mutabilis-Gruppe beizuzählen pflegt.

Der andere Ast, den wir bereits oben erwähnten, zweigt mit der Gruppe des *Amm. Lothari* (Oppel, Pal. Mitth. Taf. 67 Fig. 6; Fontannes, Crussol Taf. 12 Fig. 2 u. 3; Loriol, Baden Taf. 10 Fig. 7—10) von *Amm. polyplocus* ab. *Amm. Lothari* ist innig mit diesem verknüpft, bleibt aber meistens etwas kleiner. Die bei *Amm. polyplocus* meist erst auf dem äusseren Umgange stark hervortretende Vieltheiligkeit der Rippen ist bei *Amm. Lothari* wieder bedeutend weiter gegen innen gerückt; aber man findet in dieser Hinsicht die feinsten Uebergänge zwischen beiden Typen. Varietäten wie Fig. 8 bei Loriol (Baden Taf. 10) verbinden dann *Amm. Lothari* mit *Amm. effrenatus* (Fontannes, Crussol Taf. 14 Fig. 1), der sich durch seine knorrigen, unregelmässigen Rippen auszeichnet, aber gerade deshalb auch sehr an *Amm. inconditus* (Loriol, Baden Taf. 11 Fig. 1 u. 2; Quenstedt, Ceph. Taf. 12 Fig. 5) erinnert und auch wirklich mit demselben durch Uebergänge verbunden zu sein scheint. Doch fehlen dem *Amm. effrenatus* die Parabelknoten, und *Amm. inconditus* dürfte, wie wir weiter oben gezeigt haben, ein Nachkomme des *Amm. curvicosta* vorstellen.

Bei den soeben betrachteten Descendenten des *Amm. Schilli*, den Polyploken und Involuten, tritt zu der vermehrten Theilung der Rippen auch eine tiefer gegen die Mitte der Seiten oder, bei den Involuten, selbst oft bis gegen die Naht hin reichende Spaltung der Rippen hinzu, was diese Planulatengruppen auch besonders gut von der Nachkommenschaft des *Amm. plicatilis* unterscheidet, wo die Spaltung der Rippen meist erst höher gegen den Rücken hin erfolgt. Auf den inneren Windungen der Polyploken und Involuten sind indess die Rippen auch erst höher gegen den Rücken hin gespalten; ebenso sind hier dann auch immer erst Biplexrippen wie auf den inneren Windungen der übrigen Planulaten vorhanden, die Rippen mögen auf den äusseren Umgängen noch so vielspaltig sein. Eine charakteristische Eigenthümlichkeit der Polyploken und Involuten besteht ferner darin, dass ihre Rippen in der Nahtgegend ziemlich verdickt und auf der Mitte der Seiten stark verschwächt erscheinen — Merkmale, welche die Vertreter dieser Gruppen meist gut von den Nachkommen des *Amm. Lucingensis* unterscheiden lassen, bei welchen überdies die Rippen im Allgemeinen auch viel gedrängter stehen.

Verlassen wir die Polyploken, um zum Schlusse dieses Kapitels noch einige weitere Entwickelungsreihen der Planulaten kurz zu betrachten. In den Schichten des *Amm. macrocephalus* trifft man nicht selten eine charakteristische Planulatenform mit stark entwickeltem Nahtlobus, die in der Literatur unter mehreren

Namen aufgeführt ist, seit Oppel jedoch allgemein als *Amm.*
funatus bezeichnet wird. Abbildungen dieser Art finden sich
bei Quenstedt (Ceph. Taf. 13 Fig. 7 a—c und Jura Taf. 64
Fig. 17—19 unter der Bezeichnung *Amm. triplicatus*), bei
d'Orbigny (Terr. jur. Taf. 148 als *Amm. Bakeriae*) und bei
Neumayr (Balin Taf. 14 Fig. 1 a—c). Dieser *Amm. funatus*
steht jedenfalls auch in genetischer Verbindung mit jener Planulatenform des Unteroolithes, welche von Schlönbach (Paläontographica, Bd. 13, Taf. 29 Fig. 2) zu *Amm. tenuiplicatus* gestellt
wurde, und die wir ebenfalls als Stammform des *Amm. Schilli*
angesehen haben. *Amm. funatus* hat in der Oxford-Gruppe seine
Nachkommen; namentlich in der Zone des *Amm. bimammatus*
finden sich zuweilen unter den grösseren Planulaten Formen, die
wenig von den Vorkommnissen der Macrocephalus-Schichten verschieden erscheinen; man kann dieselben mit Quenstedt (Ceph.
S. 162, Taf. 12 Fig. 1) als *Amm. triplicatus albus* bezeichnen.
Auch in den Schichten des *Amm. tenuilobatus* hat die Funatus-
Reihe ihre Vertreter. Zunächst gehört jene schöne, charakteristische Form hierher, von welcher Fontannes (Crussol Taf. 8)
unter der Bezeichnung *Amm. unicomptus* eine gute Abbildung
liefert. Es hat dieser *Amm. unicomptus* zwar viel Aehnlichkeit
mit gewissen Planulatenformen, die wir zur Nachkommenschaft
des *Amm. plicatilis* gestellt haben, jedoch sind seine Rippen
tiefer gegen die Mitte der Seiten hinab gespalten und die Primär-
rippen im Allgemeinen weit kräftiger entwickelt als z. B. bei
Amm. Ernesti (Loriol, Baden Taf. 8 Fig. 1) und dessen Verwandten. Diese Merkmale weisen denselben mehr in die Nähe
der Polyploken, von welchen er sich aber wieder wesentlich
durch den äusserst regelmässigen Verlauf seiner Rippen auszeichnet.
Eine weitere interessante Formenreihe beginnt in den Macrocephalus-Schichten mit *Amm. patina* (Neumayr, Jahrb. d. geol.
Reichsanst.*) 1870 Taf. 8 Fig. 1; Neumayr, Balin Taf. 13
Fig. 2 a—d), der wahrscheinlich zu *Amm. Balinensis* (Neumayr, Balin Taf. 15 Fig. 2) in einem näheren Verwandtschafts-
verhältniss steht. *Amm. patina* ist namentlich durch tief gespaltene Rippen und durch seine knotenartig angeschwollenen

---

*) Neumayr, über einige neuere oder weniger bekannte Cephalopoden der
Macrocephalus-Schichten. Jahrb. d. k. k. geol. Reichsanst. 1870, Heft 2, S. 147—156.

kurzen Primär-Rippen ausgezeichnet. In jüngeren Schichten sind ohne Zweifel *Amm. albineus* (Oppel, Pal. Mitth. Taf. 50 Fig. 3) und *Amm. Cymodoce* (d'Orbigny, Terr. jur. Taf. 202) als Nachkommen dieser charakteristischen Planulatenform zu betrachten. Schon bei *Amm. patina* ist auf dem äusseren Umgange ein Verschwinden der Secundär-Rippen wahrzunehmen, so dass nur in der Nahtgegend die den Primär-Rippen entsprechenden knotigen Wülste z. Th. noch übrig bleiben. Bei *Amm. albineus* nun beginnt dieses Stadium der Entwickelung bereits schon wieder in einem weit früheren Lebensalter. Ich habe Exemplare des *Amm. albineus* gesehen, an welchen die Secundär-Rippen noch früher verschwinden als bei dem von Oppel abgebildeten. Wie wir bereits weiter oben (S. 67) ausführten, bemerkt man bei verschiedenen Gruppen der Planulaten, namentlich an grösseren Formen, auf den äusseren Umgängen bisweilen ein solches Verschwinden der Secundär- oder Spaltungsrippen, so dass auf den Seiten der Windungen nur die wulstig verdickten Primär-Rippen allein übrig bleiben. (Man vergl. etwa: *Amm. Achilles* d'Orbigny, Terr. jur. Taf. 207 Fig. 1; *Amm. ptychodes* Neumayr, Acanthicus-Schichten Taf. 36; *Amm. haliarchus* ebendaselbst Taf. 35 Fig. 1 u. 2.) Bei *Amm. albineus* hat nun dieses Stadium der Degeneration seinen Höhepunkt erreicht, indem bereits ein grosser Theil der Windungen davon ergriffen erscheint.

Amm. albineus kommt in der Unterregion der Tenuilobatus-Schichten vor; aber auch in der Bimammatus-Zone habe ich bereits nahe verwandte Formen getroffen. Es setzt diese Formenreihe jedoch auch in jüngere Ablagerungen fort. So zeigte sich in den Nappberg-Schichten des Klettgauer weissen Jura eine Form, die sich an *Amm. albineus* eng anschliesst; zwar verschwinden die Rippen etwas weniger früh als bei diesem, auch entwickelt sich auf dem Rücken eine Unterbrechung an denselben, so dass eine Form entsteht, die ganz an die Mutabilis-Gruppe erinnert, und es erscheint diese Nappberg-Form wie ein Bindeglied zwischen der Gruppe des *Amm. albineus* und *Amm. decipiens* (d'Orbigny, Terr. jur. Taf. 211). Einer Verschwächung der Rippen auf dem Rücken begegnet man indess auch schon bei nahen Verwandten und Begleitern des *Amm. patina*, z. B. bei *Amm. spirorbis* (Neumayr, Jahrb. d. geol. Reichsanst. 1870 Taf. 7 Fig. 2).

Neuntes Kapitel.

Stammesgeschichte einiger Nachkommen der Coronaten.

Die Uhlandi-Reihe. — Die Strauchianus-Gruppe. — Die Ancepsmutabilis-Reihe. — Der Jason-Zweig.

Der im Unteroolith verbreiteten Ammonitengruppe der Coronaten (Gattung *Stephanoceras* Waagen) entsprossen mehrere interessante Formenreihen, deren Entwickelungsgang durch die Schichten aufwärts wir hier noch kurz betrachten wollen. (Stammtafel Nr. IV.) Die Ammoniten der Coronatengruppe entsprechen gewissermassen dem ersten Entwickelungsstadium der Armaten, indem sie mit Planulatenrippen bedeckt erscheinen, welche an der Spaltungsstelle in der Rückengegend gewöhnlich mit Stacheln oder Knoten besetzt sind. Der Uebergang von den stacheltragenden Planulaten des Lias (vergl. *Amm. Raquinianus* d'Orbigny, Terr. jur. Taf. 106; *Amm. crassus* Quenstedt, Ceph. Taf. 13 Fig. 10 a, b; Jura Taf. 36 Fig. 1) zu den Coronaten, zunächst zur Humphriesianus-Gruppe, dürfte etwa vermittelt werden durch Formen wie *Amm. Bayleanus* Oppel (*Amm. Humphriesianus* d'Orbigny, Terr. jur. Taf. 133) und den planulatenartigen *Amm. Humphriesianus* Quenstedt (Ceph. Taf. 14 Fig. 7 a, b): hieran schliessen sich dann die weiteren Vertreter der Humphriesianus-Gruppe (d'Orbigny, Terr. jur. Taf. 134 u. Taf. 136; Quenstedt, Ceph. Taf. 14 Fig. 11; Jura Taf. 54 Fig. 2—5), welche fein- und grobrippige, eng untereinander verknüpfte Abänderungen zeigt. Auf das Verhältniss der Coronaten zu *Ammonites pettos (Grenouillouxi)* werden wir im nächsten Kapitel noch zu sprechen kommen. Den grobrippigen Varietäten der Humphriesianus-Gruppe schliesst sich *Amm. subcoronatus* Oppel *Amm. coronatus oolithicus* Quenstedt, Ceph. Taf. 14 Fig. 4 a, b) an und vermittelt den Uebergang zu *Amm. Blagdeni* (Quenstedt, Ceph. Taf. 14 Fig. 1 a, b; d'Orbigny, Taf. 132). Der in der Oberregion der Kelloway-Schichten vorkommende *Amm.*

coronatus (d'Orbigny, Terr. jur. Taf. 169) mag ebenfalls als ein Nachkomme des *Amm. subcoronatus* zu betrachten sein.

Die Nachkommen dieser grösseren grobrippigen Coronaten im engeren Sinne lassen sich nun auch bis in die jüngeren Schichten des weissen Jura hinauf verfolgen. Während indess bei diesen jüngeren Descendenten die Stacheln meist kräftig entwickelt erscheinen, treten dagegen die Rippen gewöhnlich sehr in den Hintergrund und sind entweder nur schwach angedeutet oder fehlen auf dem grössten Theil der Windungen beinahe ganz. Diese Variationsrichtung macht sich übrigens schon bei den Coronaten der Kelloway-Schichten auf den äusseren Umgängen bemerklich, wie auch bereits das grosse auf $\frac{1}{6}$ der natürlichen Grösse reducirte Exemplar bei d'Orbigny, Taf. 169 Fig. 3 zeigt. An solche Varietäten schliesst sich dann zunächst in der Oxford-Gruppe *Amm. Caudonensis* (Favre, Terr. oxford. Taf. 6 Fig. 3 a, b) an, und in der Zone des *Amm. tenuilobatus* ist es der ziemlich verbreitete *Amm. Uhlandi* (Oppel, Pal. Mitth. 224; Loriol, Baden Taf. 19 Fig. 2), welcher die Reihe fortsetzt. Diese Art, welche die Coronatenrippen zuweilen noch ziemlich deutlich wahrnehmen lässt, wurde mit Unrecht mehrfach mit den Circumspinosen oder einstachelreihigen Inflaten in engere Beziehung gebracht. Wenn auch *Amm. Uhlandi* eine gewisse äussere Aehnlichkeit mit diesen Formen zeigt, so ist er doch ganz anders aufzufassen und kann niemals mit den Circumspinosen der Armatenreihe zu einer natürlichen Gruppe zusammengestellt werden, denn er hat eine ganz andere, nämlich viel einfachere Entwickelungsgeschichte als diese. Während, wie wir im zweiten Kapitel gesehen haben, die Circumspinosen sich aus den Armaten mit zwei Stachelreihen dadurch entwickelten, dass die äussere Reihe wieder verschwand und nur die innere übrig blieb, so ist dagegen bei den Uhlandi-Ammoniten nur die äussere Stachelreihe zur Entwickelung gekommen, und somit können diese Formen höchstens mit dem ersten Entwickelungsstadium der Armaten verglichen werden, wo die innere Stachelreihe noch fehlt, nicht aber mit dem viel weiter vorgeschrittenen des Circumspinosentypus. Legt man zwei Formen dieser beiden Gruppen, etwa einen *Amm. liparis* und *Amm. Uhlandi*, wie man sie in den Polyplocus-Schichten zusammen findet, nebeneinander, so überzeugt man sich leicht von der verschiedenen

Bedeutung ihrer Stacheln. Der Nabel macht bei beiden schon einen ganz verschiedenen Eindruck, er wird bei den Uhlandi-Formen nie so eng wie bei den Liparus- oder Circumspinosus-Ammoniten: die inneren Windungen sind bei den ersteren viel freier, weil eben die Stacheln näher gegen den Rücken hin liegen und die folgenden Umgänge nie über dieselben hinübergreifen. Bei *Amm. Uhlandi* ist der Schalentheil zwischen der Naht und der Stachelreihe sanft herausgewölbt und mit schwachen Rippen bedeckt, während dieser Theil der Schale bei *Amm. liparus* und seinen Verwandten steil gegen die Windungsebene aufgerichtet erscheint und niemals Spuren von Rippen zeigt, so dass die Stacheln auf einer Kante sitzen, gerade so wie die inneren Stacheln bei den Bispinosen. Die Uhlandi-Formen zeigen immer noch deutlich wahrnehmbare, wenn auch zuweilen sehr schwach ausgesprochene'Planulaten- oder Coronaten-Rippen, oft bis gegen das Ende der Wohnkammer, während solche bei den Circumspinosen-Ammoniten auf dem grössten Theil der äusseren Umgänge niemals beobachtet werden. Wo sich diese Rippen gegen den Rücken hin spalten, erheben sich dann auf ihnen die Stacheln oder Knoten, so dass von jedem dieser letzteren gegen die Naht hin eine, gegen den Rücken hin dagegen mehrere Rippen auslaufen. Die Stacheln der aufgeblähten, Circumspinosenähnlichen, Uhlandi-Ammoniten befinden sich also wirklich an derselben Stelle, wie etwa diejenigen der äusseren Reihe bei *Amm. athleta*, oder wie die Stacheln der Coronaten.

Die inneren Windungen der Uhlandi-Ammoniten haben die allergrösste Aehnlichkeit mit Quenstedt's Abbildungen seines *Amm. corona* (Ceph. Taf. 14 Fig. 3; Jura Taf. 76 Fig. 10), und es ist somit höchst wahrscheinlich, dass dieser wirklich nur einen jungen *Amm. Uhlandi* vorstellt.

Vielleicht leitet sich *Ammonites orthocera* (d'Orbigny, Terr. jur. Taf. 218) auch von der Uhlandi-Gruppe ab; derselbe wäre dann ein Glied dieser Reihe, bei dem die Rippen ganz verschwunden sind. Dass sich diese Art wirklich hier anschliesse, kann ich übrigens noch nicht sicher entscheiden, da mir keine Naturexemplare zur Verfügung stehen.

In den Schichten des oberen weissen Jura begegnen wir noch einer weiteren Gruppe seltner Ammonitenformen, die sich als Nachfolger der Coronaten auffassen lassen, wenn auch die Vertreter dieser Reihe in den Ablagerungen zwischen dem Unteroolith und der Kimmridge-Gruppe erst noch aufzufinden sind. Hierher gehört z. B. *Amm. Strauchianus* (Oppel, Pal. Mitth. Taf. 66 Fig. 6 a, b) aus den Tenuilobatus-Schichten, welcher nach innen noch ganz coronatenartig breite Windungen zeigt, die aber gegen aussen an Höhe bedeutend zunehmen. Sehr ähnliche Ammoniten finden sich im Klettgau in den „Nappberg-Schichten" mit *Amm. Eudoxus* zusammen. Jedoch sind bei diesen jüngeren Vorkommnissen die Rippen auf dem Rücken durch ein glattes Band mehr oder weniger unterbrochen, so dass man an die Mutabilis-Gruppe erinnert wird. Es ist zwar nicht die vertiefte Furche auf dem Rücken vorhanden, wie etwa bei *Amm. Eudoxus* (d'Orbigny, Terr. jur. Taf. 213 Fig. 4 u. 6); die Rippen zerfliessen mehr nur allmählich in das über die Siphonalgegend sich hinziehende glatte Band.

Als weitere Stammverwandte des *Amm. Strauchianus* mögen betrachtet werden: *Amm. trimerus* (Oppel, Pal. Mitth. Taf. 66 Fig. 2 a, b; Loriol, Baden Taf. 13 Fig. 11 u. 13), *Amm. Gravesianus* (d'Orbigny, Terr. jur. Taf. 219) und etwa noch *Amm. Groteanus* (Zittel, Stramberg Taf. 16 Fig. 1—3).

Kehren wir wieder zu älteren Ablagerungen zurück, so finden wir auch die Gruppe des *Ammonites anceps* der Kelloway-Schichten eng mit den Coronaten, speciell mit gewissen Humphriesianus-Formen des Unterooliths verknüpft. Die Vertreter dieser letztgenannten Ammonitengruppe zeigen zuweilen auf einem Theile der letzten Windung nur zweispaltige Rippen, während die nächstinneren Umgänge grösstentheils mit drei- und mehrspaltigen Rippen bedeckt erscheinen. Quenstedt hat in den Cephalopoden (Taf. 14 Fig. 7 a, b) eine solche Humphriesianus-Varietät abgebildet. Man glaubt auch an diesen Formen zuweilen eine leichte Andeutung zu einer Rückenfurche wahrzunehmen; dann ist aber zu *Amm. anceps* (d'Orbigny, Terr. jur. Taf. 166 Fig. 1—4, nicht Fig. 5; Quenstedt, Ceph. Taf. 11 Fig. 8 a, b, hier als *Amm. Parkinsoni coronatus* bezeichnet) kein gar grosser Schritt mehr. Bei diesen Anceps-Formen sind die inneren Windungen noch Humphriesianus-artig breit, die Rippen sind drei- und mehrspaltig und mit Knötchen oder Stacheln besetzt, während der letzte Umgang höher als breit wird und nur mit zweispaltigen Rippen bedeckt ist, an welchen gegen die Mündung hin auch die Knötchen fehlen. Diese eigenthümliche Anceps-Varietät hat in verschiedenen Schichten des weissen Jura ihre Nachkommenschaft und zwar zunächst in den Formen, welche Quenstedt (Cephalopoden Taf. 12 Fig. 12 a, b; Jura Taf. 74 Fig. 2 u. 3) aus den Bimammatus-Schichten als *Amm. biplex bifurcatus* abbildete, und für welche Oppel (Juraformation S. 687) die einfachere Bezeichnung *Amm. Witteanus* vorschlägt. Mehrere Exemplare dieser zierlichen Form, welche sich im Klettgau in den zur Bimammatus-Zone gehörigen Hornbuck- und Wangenthal-Schichten*) fanden, überzeugten mich hinlänglich, wie sehr man im Unrecht ist, wenn man dieselbe mit den Biplex-Ammoniten in Verbindung bringt; überhaupt gehört *Amm. Witteanus* so wenig zu den Planulaten oder zur Gattung *Perisphinctes* wie sein Stammvater, der *Amm. anceps*. Dass *Amm. Witteanus* allgemein hier untergebracht wurde, ist nur dem Umstande zuzuschreiben, dass man sich durch den Eindruck, den der äussere Umgang macht, allein leiten liess und die inneren Windungen nicht berücksichtigte. *Amm. Witteanus* zeigt auf den inneren Umgängen ganz wie *Amm. anceps* drei- und mehrspaltige, mit Knötchen oder Stächelchen besetzte Rippen, welche erst auf der Wohnkammer zweispaltig und dornenlos werden, was übrigens Quenstedt schon genau beobachtete (Ceph. S. 164; Jura S. 593). Wäre nun aber dieser Ammonit eine Biplex-Varietät, so dürften bei dieser Grösse die inneren Windungen niemals dreispaltige Rippen aufweisen. *Ammonites Witteanus* zeigt engrippige kleinere und weitrippige grössere Varietäten; die Rückenfurche ist zwar immer angedeutet, doch kaum je so deutlich ausgesprochen wie bei *Amm. anceps*. An den letztgenannten schliesst sich zunächst die weitrippige Varietät an; man vergl. z. B. d'Orbigny, Terr. jur. Taf. 166 Fig. 3 und Quenstedt, Ceph. Taf. 12 Fig. 12.

Sowohl die eng-, als die weitrippigen Varietäten des *Amm. Witteanus* finden in der Zone des *Amm. tenuilobatus* ihre Nachkommen in der Gruppe des *Amm. stephanoides*. Die folgenden Figuren

---

*) Vergl. F. J. u. L. Würtenberger, der weisse Jura im Klettgau und angrenzenden Randengebirg. Verhandl. des naturwissenschaftl. Vereins in Karlsruhe. Heft II S. 26.

stellen einige Varietäten dieser Gruppe dar, welche als wichtige Leit-
muscheln der Tenuilobatus-Schichten geschätzt sind: Oppel, Pal.
Mitth. Taf. 66 Fig. 4a, b, 5a—c; Quenstedt, Jura Taf. 76 Fig. 3 (als
Amm. anceps albus bezeichnet); Fontannes, Crussol Taf. 14 Fig. 2
(eine besonders grobrippige Abänderung); Favre, Acanthicus-Zone
Taf. 3 Fig. 6a, b; Loriol, Baden Taf. 13 Fig. 7—10. Bei den
Vertretern der Gruppe des *Amm. stephanoides* ist der Charakter der
Anceps-Witteanus-Reihe meistens noch gut ausgeprägt zu erkennen:
es sind die inneren Umgänge coronatenähnlich breit und mit
durch Knötchen gezierten, mehrspaltigen Rippen bedeckt, die
auf der Wohnkammer zu zweispaltigen werden. Auch die
Rückenfurche ist immer angedeutet, nur auf einem grösseren Theile
der Wohnkammer fehlt sie zuweilen ganz, was auch schon bei
den Vorfahren zu beobachten ist. Quenstedt hatte den Zusammenhang des *Amm. stephanoides* mit *Amm. anceps* bereits erkannt und nannte denselben geradezu *Amm. anceps albus* zum
Unterschied von dem tiefer liegenden *Amm. anceps ornati*.
Später wurden jedoch diese engen verwandtschaftlichen Beziehungen nicht mehr beachtet und diese beiden Formen an ganz
verschiedenen Orten im System untergebracht; *Amm. anceps*
wurde zur Gattung Simoceras gestellt, während *Amm. stephanoides* den Planulaten angehängt wurde.

Unter den verschiedenen Varietäten der Stephanoides-Gruppe
bemerkt man zuweilen Individuen, bei welchen die Rippen auf
der Wohnkammer nicht mehr durchweg zweispaltig sind, sondern
sich auch mehrspaltige damit mischen, wie dies auch die Abbildung bei Favre (Acanthicus-Schichten Taf. 3 Fig. 6a) wahrnehmen lässt. Mit solchen Varietäten ist der *Amm. Phorcus* (Fontannes, Crussol Taf. 15 Fig. 3, 3a; Loriol, Baden Taf. 16
Fig. 4) verknüpft, welcher dann den Uebergang vermittelt zu dem
mit tiefer und breiter Rückenfurche versehenen *Amm. Eudoxus* (d'Orbigny, Terr jur. Taf. 213 Fig. 3—6; Quenstedt, Jura Taf. 77
Fig. 2; Favre, Acanthicus-Schichten Taf. 3 Fig. 7a, b), welcher
einen bestimmten Horizont charakterisirt in der Oberregion der
Zone des *Amm. acanthicus*.

Da nun bei den Eudoxus-Ammoniten auf dem letzten Umgange zweispaltige Rippen nur noch zu den Seltenheiten gehören
und auch die Rückenfurche merklich tiefer und bestimmter ge-

worden ist, so kann man hierin gewissermassen wieder Rückschläge zu älteren Stammformen erblicken. Der Rückschlag er-
streckte sich jedoch nicht auf die Form der Windungen, denn diese
sind noch merklich höher geworden als bei den vorangehenden
Gliedern der Entwickelungsreihe. Vielfach gibt indessen auch
Amm. Eudoxus seinen Zusammenhang mit der Anceps-Stephanoides-
Reihe noch dadurch zu erkennen, dass bei manchen Individuen
auf eine bestimmte Zahl der knotenartig verkürzten Primär-Rippen
auf dem äussern Umgange weniger secundäre oder Theilungs-Rippen
kommen als auf eine gleiche Anzahl Primär-Rippen der zunächst
anstossenden inneren Windung.

In ähnlicher Weise, wie sich von den gröber gerippten Varietäten der Stephanoides-Gruppe *Amm. Phorcus* und *Eudoxus* ableiten, entwickelten sich aus den feinrippigen Varietäten *Amm.
desmonotus* (Oppel, Pal. Mitth. Taf. 67 Fig. 1 a, b; Fontannes
Crussol Taf. 14 Fig. 4) und *Amm. pseudomutabilis* (d'Orbigny,
Terr. jur. Taf. 214; Loriol, Boulogne Taf. 5 Fig. 2 u. 3; Baden
Taf. 16 Fig. 2 u. 3). Es sind *Amm. Eudoxus* und *pseudomutabilis*
indessen auch durch Uebergänge direkt mit einander verknüpft.

Loriol (Boulogne S. 282) hat nachgewiesen, dass die von
d'Orbigny und Andern unter der Bezeichnung *Amm. mutabilis*
aufgeführte Form aus dem französischen und deutschen Jura einer
ganz andern Art angehört und wesentlich verschieden ist von
jenen englischen Vorkommnissen, auf welche Sowerby seinen
Amm. mutabilis ursprünglich gründete, denselben aber (Mineral
Conchology of Great Britain Taf. 405) etwas mangelhaft abbildete,
so dass diese Verwechselung entstehen konnte. Für die von
d'Orbigny, Terr. jur. Taf. 214 abgebildete Form wird nun von
Loriol der Name *Amm. pseudomutabilis* vorgeschlagen und für
den eigentlichen Sowerby'schen *Amm. mutabilis* eine genauere
Abbildung gegeben (Boulogne Taf. 5 Fig. 4). Mir will es indess
scheinen, dass das grosse Exemplar, welches Loriol (Boulogne
Taf. 5 Fig. 1 a, b) weiter als *Amm. pseudomutabilis*, auf die Hälfte
der natürlichen Grösse reducirt, abbildet, wieder etwas ganz
Andres sei. Wir haben nämlich bereits weiter oben, Seite 74,
ausgeführt, dass auch Mutabilis-Ammoniten in der von den
Polyploken sich herleitenden Gruppe des *Amm. involutus* und *Erinus*
wurzeln, wenn wir nämlich unter Mutabilis-Ammoniten Formen

verstehen, deren mehrfach tiefgespaltene Rippen in der Nahtgegend knotenartig verdickt und auf dem Rücken unterbrochen sind. Auch N e u m a y r *) machte die Beobachtung, dass sich Mutabilis-Ammoniten aus der Gruppe der Involuten entwickeln. Es sind aber nicht immer die extremen Formen der Involuten, welche hier zum Ausgangspunkte dienten, sondern auch solche Glieder, welche sich noch mehr den Polyploken annähern. Es darf z. B. nur bei einer etwas grösseren Form vom Habitus des *Amm. Lothari* (O p p e l, Pal. Mitth. Taf. 67 Fig. 6) oder *Amm. Güntheri* (O p p e l, Pal. Mitth. Taf. 66 Fig. 1) sich eine Unterbrechung der Rippen auf dem Rücken entwickeln, wozu die verschiedensten Planulaten so sehr geneigt sind, dann ist ein *Amm. pseudomutabilis* fertig wie der oben erwähnte bei L o r i o l (Boulogne Taf. 5 Fig. 1). *Amm. Helvicus* (F o n t a n n e s, Crussol Taf. 15 Fig. 2, 2 a) mit den verschwächten Rippen in der Medianlinie des Rückens ist auch ein derart beginnender *Amm. pseudomutabilis*. Der eigentliche *Ammonites pseudomutabilis*, wozu jedenfalls die zwei kleineren Individuen bei L o r i o l (Boulogne Taf. 5 Fig 2 und 3) gehören, wird nie so gross wie die von der Polyplocus-Involutus-Reihe abzweigenden Mutabilis-Ammoniten; auch sind beim ersteren die Rippen meistens schärfer markirt; ebenso scheinen die Einschnürungen zu fehlen, welche bei den letzteren zuweilen zu beobachten sind. Dann tritt ferner auch bei diesen grossen, aus der Polyploken- und Involuten-Gruppe stammenden Formen die Rückenfurche nicht so markirt hervor; die von den Seiten kommenden Rippen verlaufen mehr allmählich in das über die Siphonalgegend hinziehende glatte Band, während sie bei dem eigentlichen *Amm. pseudomutabilis* plötzlich gegen dasselbe abbrechen, so dass eine vertiefte Rinne erscheint. Ausserdem nehmen bei jenen grossen Formen die Rippen gegen die inneren Windungen hin immer mehr den gewöhnlichen Planulaten- oder Biplextypus an.

Es ist eine merkwürdige Erscheinung, dass sich Mutabilis-Ammoniten thatsächlich bei so ganz verschiedenen Formenreihen der Planulaten und Coronaten entwickeln; dass dieselben in dem gleichen geognostischen Horizonte des oberen weissen Jura ein-

---

*) N e u m a y r, die Ammoniten der Kreide etc. , Zeitschrift der deutschen geol. Gesellsch. 1875, S. 927.

ander begegnen und hier die Formen verschiedenen Ursprungs dann einander oft so ähnlich werden, dass sie sogar schon zu einer Species vereinigt werden konnten. Mutabilis-Ammoniten gehen erstens hervor aus der Reihe „Amm. patina, albineus oder Cymodoce", wie wir bereits im vorigen Kapitel gesehen haben. Dieselben liegen bei Amm. Eudoxus in den Nappberg-Schichten, und es ist möglich, dass damit vielleicht der eigentliche Sowerby'-sche Amm. mutabilis (Loriol, Boulogne Taf. 5 Fig. 4) oder auch Amm. decipiens (d'Orbigny, Terr. jur. Taf. 211) bis zu einem gewissen Grade verwandt sind. Zweitens diente die Polyplocus-Involutus-Reihe gewissen Mutabilis-Ammoniten als Ausgangspunkt. Ebenso drittens die Gruppe des Amm. Strauchianus und viertens endlich leiten sich die kleineren Mutabilis-Formen von der Stephanoides-Gruppe her. Es liegen alle diese Formen verschiedenen Ursprungs beisammen in einem Horizonte des oberen weissen Jura, der über den Schichten des Amm. tenuilobatus und polyplocus beginnt und also noch in die Oberregion der Zone des Amm. acanthicus fällt.

Dass gegen das Ende des jurassischen Zeitalters hin aus verschiedenen Ammonitengruppen so ähnliche Formen hervorgingen, mag wohl vielleicht einen tieferen Grund gehabt haben. Es ist ja z. B. möglich, dass zum Schlusse der Juraperiode sich die Lebensbedingungen für solche Mutabilis-Formen besonders günstig gestalteten und noch längere Zeit fortdauerten, denn es ist Thatsache, wie schon Neumayr hervorgehoben hat, dass die polyphyletische Gruppe der Mutabilis-Ammoniten in der Kreideformation noch eine reichliche Nachkommenschaft entfaltet.

Zum Schlusse dieses Kapitels sei noch darauf hingewiesen, dass auch die interessante Gruppe der Amm. Jason sich von den Coronaten herleitet und somit durch letztere ebenfalls mit den Planulaten des Lias in Verbindung gebracht wird. Amm. Jason zeigt im mittleren Lebensalter (vergl. d'Orbigny, Terr. jur. Taf. 159, Taf. 160 Fig. 3 u. 4, Quenstedt, Jura Taf. 69 Fig. 34) auf jeder Seite zwei Stacheln- oder Knötchen-Reihen, und zwei weitere Dornenreihen machen sich auf dem Rücken bemerklich, wo sie die Rippen gegen eine in der Siphonalgegend hinziehende glatte Furche begrenzen. Die zwei seitlichen Stachelreihen zeigen in vieler Beziehung eine grosse Uebereinstimmung mit den Stacheln der Armaten. Abgesehen davon, dass die Rippen bei

Amm. Jason viel tiefer gegen die Naht hin gespalten erscheinen als z. B. bei *Amm. athleta*, so sitzen doch die oberen Stacheln bei beiden genau auf derselben Stelle der Rippen, nämlich da, wo sich dieselben zu spalten beginnen, ebenso erheben sich die unteren Stacheln bei beiden Arten an der Grenze der Primär-Rippen gegen die Nahtfläche hin. Die Stacheln sind bei der Gruppe des *Amm. Jason* im Allgemeinen etwas weniger kräftig ausgebildet als bei den Armaten, und damit steht vielleicht das gleichzeitige Vorhandensein scharfer Rippen in Zusammenhang. Aber sonst zeigen die zwei Stachelreihen auch bezüglich ihrer Entwickelung bei beiden Gruppen eine grosse Uebereinstimmung. An gewissen Individuen der Jason-Gruppe sehen wir z. B. die äussere Stachelreihe im Alter wieder verschwinden (Quenstedt, Ceph. Taf. 10 Fig. 4), während sich dieselbe im jugendlichen Alter zuerst bemerklich macht (Quenstedt, Ceph. Taf. 10 Fig. 5, Jura Taf. 69 Fig. 35 u. 36) und die innere Reihe sich dann erst nach und nach ausbildet — ganz wie bei den Armaten. Die inneren Windungen der Jason-Ammoniten zeigen uns dann weiter, wie eng diese letzteren mit einer tiefer liegenden Ammonitengruppe zusammenhängen, von welcher Quenstedt zwei Varietäten als *Amm. Parkinsoni longidens* (Ceph. Taf. 11 Fig. 10 a, b) und *Amm. Parkinsoni dubius* (Ceph. Taf. 11 Fig. 9 a, b) abbildet. Die letztgenannten Formen sind dann selbst wieder so eng mit der Humphriesianus-Gruppe verknüpft, dass sie somit die Verbindung zwischen den Jason-Ammoniten und den Coronaten herstellen.

Zehntes Kapitel.

Rückblick und Folgerungen.

Der Speciesbegriff in der Paläontologie. — Gesetzmässige Abänderungen der Schalensculpturen. — Vererbungs- und Anpassungsgesetze. — Ueber den speciellen Nutzen einiger Abänderungen bei den Ammoniten. — Die ammonitischen Nebenformen. — Monophyletischer und polyphyletischer Ursprung.

Indem wir auf den vorstehenden Blättern den Versuch machten, für mehrere grössere Ammonitengruppen die Stammesgeschichte darzustellen, mussten wir für jede derselben als Stammformen planulatenartige Ammoniten anerkennen, deren Rippen theils ungetheilt, zum grössten Theil aber in zwei, zuweilen auch in drei Aeste gespalten erscheinen. Soviel mir bekannt geworden ist, machen sich solche planulatenartige Biplexformen in der Stufenfolge der jurassischen Ablagerungen zum ersten Mal im mittleren und oberen Lias bemerklich, und wir haben somit den ganzen grossen Formenreichthum, der soeben an unseren Augen vorüberzog, als die vielfach veränderte Nachkommenschaft jener verhältnissmässig einfach gebildeten Liasplanulaten anzusehen. Es sind, wie wir gesehen haben, diese vielerlei Formen unter einander und mit der Biplex-Stammform durch Zwischenglieder so innig verknüpft, dass es zur Unmöglichkeit wird, für eine beliebig herausgegriffene Art zu bestimmen, wo sie eigentlich anfängt oder wo sie aufhört. Von mehreren Paläontologen wurde schon die eine oder die andere von den besprochenen Ammonitenreihen, eben weil ihre Glieder durch Uebergangsformen zusammenhängen, zu je einer variablen Art zusammengefasst. Aber wenn man in dieser Weise consequent verfahren wollte, müsste man wohl sämmtliche Ammoniten, für die wir in den vorstehenden Blättern besondere Namen kennen gelernt haben, zu einer einzigen grossen Art vereinigen. Ich glaube jedoch nicht, dass sich zu dieser Consequenz auch nur ein einziger Naturforscher im

Ernste verstehen würde, auch wenn er noch so sehr gegen die Entwickelungslehre eingenommen wäre. Zudem wird ja von mehreren hervorragenden Paläontologen die Ansicht vertreten, dass die Ammoniten, mit welchen wir uns hier näher bekannt gemacht haben, nicht allein einer grösseren Zahl von Arten angehören, sondern sich sogar auch in der naturgemässesten Weise zu einer ganzen Anzahl verschiedener Gattungen gruppiren, wie wir auf den vorstehenden Blättern schon mehrfach anzudeuten Gelegenheit fanden. Und in der That sind auch diese Gattungen auf keine geringeren oder etwa für die Systematik weniger werthvollen Unterscheidungsmerkmale gegründet, als die Gattungen einer beliebigen andern Organismengruppe. Man kann blos etwa sagen, es seien diese Gattungen nicht bestimmt gegen einander abgegrenzt; aber das ist für uns gerade wieder das Interessante, denn so sehen wir bei den Cephalopoden nicht allein die verschiedenen Arten, sondern auch die Gattungen unmerklich in einander übergehen.

Bei Gruppen fossiler Organismen, wo man, wie in unserem Falle bei den Ammoniten, zwischen den extremsten Formen so zahlreiche Verbindungsglieder vor sich hat, dass der Uebergang ganz stetig vermittelt wird, kommt man überhaupt noch in viel grössere Verlegenheit, wenn man die Varietät, Art oder Gattung definiren soll, als bei den organischen Formen der Jetztwelt. Denn bei den letzteren bezeichnen doch die Arten gewissermassen die Spitzen oder die heutigen Grenzen der divergirenden Zweige des grossen Stammbaumes der organischen Welt, und sind somit mehr oder weniger gegen einander abgegrenzt. Beim Studium der fossilen Organismen jedoch hat man es nicht blos mit einem solchen durch die Zweige und Aeste des Stammbaumes gehenden Schnitt, der einem bestimmten Zeitpunkte entspricht, zu thun, sondern vielmehr mit der Längenausdehnung der Zweige und Aeste selbst, d. h. mit den zeitlich durch allmähliche Entwicklung aus einander hervorgegangenen Formen, die sich desto mehr zu ununterbrochenen Reihen aneinanderfügen, je mehr die Schichten in ununterbrochener Folge abgelagert und fortwährend mit den zu jedem Zeitpunkte existirenden organischen Formen angefüllt wurden. In diesem Falle befinden wir uns also mit unseren Ammoniten, und darum ist hier der Species jeder natürliche

Boden entzogen. Es ist dies ein Begriff, der bei der Untersuchung der lebenden organischen Welt gewonnen und dann erst nachträglich in die Paläontologie eingeführt wurde, aber sich hier in dem Masse als unnatürlich erweist, als unsere Kenntniss von den Entwickelungsreihen der Organismen wächst. Dies hat fast jeder empfunden, der sich eingehender mit dem Studium der Ammoniten oder irgend einer anderen Gruppe fossiler Organismen beschäftigt hat, deren Reste in den Schichten der Erdrinde ebenso zahlreich erhalten blieben. Das was hier der Systematiker als Species bezeichnet, sind gewissermassen nur Ruhepunkte, die sich der menschliche Verstand beim Ueberblicken des Formengebietes zurecht gemacht hat, die aber in der Natur keine weitere Begründung haben.

Dass man solche Species und zwar recht viele, d. h. möglichst eng gefasste unterscheidet und mit besonderen Namen belegt, hat übrigens seine grosse praktische Bedeutung für die Entwickelungslehre sowohl als für die Geognosie. Denn nur dadurch, dass man womöglich jede bemerkbare Abweichung durch Abbildung und Beschreibung sorgfältig fixirt mit genauer Angabe des geognostischen Horizontes der betreffenden Form, wird man in Stand gesetzt, die Entwickelungsgeschichte der bezüglichen Gruppen genauer kennen zu lernen, sowie andrerseits die Formationen verschiedener Länder richtig mit einander zu parallelisiren.

Wenn man blos die organischen Reste, in unserm Falle also die Ammoniten, einer wenig mächtigen Schichtengruppe oder Zone unter einander vergleicht, so erscheinen die Species dann ebenfalls in ähnlicher Weise, wie bei den Organismen der Jetztwelt gegen einander abgegrenzt, indem wir auf diese Art ja gleichsam auch einen Schnitt durch die Zweige und Aeste des Stammbaumes erhalten. Das Gleiche gilt dann auch für die Gattungen. So erscheinen z. B. die Gattungen *Aspidoceras* (Armaten) und *Perisphinctes* (Planulaten) ganz vortrefflich gegen einander abgegrenzt, wenn man nur die Vertreter derselben aus der Zone des *Amm. tenuilobatus* mit einander vergleicht. Höchstens das Studium der individuellen Entwickelungsstadien würde dann zeigen, dass beide Gattungen bis zu einem gewissen Grade mit einander verwandt sind, und man könnte noch vermuthen, dass beide aus gemeinsamer Wurzel entspringen. Wie nun aber diese beiden Gattungen mit einander verschwimmen, wenn man die Vorläufer der Vorkommnisse der Tenuilobatus-Schichten durch die Oxford- und Kelloway-Schichten hinab verfolgt, haben wir weiter oben gesehen. Wenn nun aber auch ein Gegner der Abstammungslehre alle die verschiedenen Ammonitenformen, welche wir in den vorstehenden Kapiteln näher betrachteten, eben weil sie durch zahlreiche Zwischenglieder mit einander verknüpft erscheinen, als eine einzige grosse, aber sehr variable Species zusammenfassen wollte, so hätte er damit für sich eigentlich doch nichts gewonnen; denn hier könnte nicht etwa behauptet werden, man habe es blos mit einem begrenzten, zwar etwas weit gezogenen Varietätenkreis einer bestimmten Species zu thun, zu welcher auch die weit entferntesten Varietäten gelegentlich wieder zurückspringen könnten. Hier verhält sich die Sache ganz anders. Wir haben gesehen, wie aus gewissen Formen im Laufe langer geologischer Zeiträume divergirende Formenreihen entsprossen, deren Glieder sich immer weiter von den mittlerweile erlöschenden Stammformen entfernen und nie wieder zu denselben zurückkehren. Man mag die Sache drehen und wenden wie man will; man mag blos von Varietäten oder von Arten und Gattungen sprechen: diese Thatsachen bleiben dieselben, und somit liefern uns die Ammoniten einen der schwerwiegendsten Beweise für die Wahrheit der Descendenztheorie.

Im Verlaufe unserer Betrachtungen haben wir gesehen, dass die Formenmannigfaltigkeit der Nachkommenschaft der biplexartigen Stammformen dadurch entstand, dass im Laufe geologischer Zeiträume sowohl die allgemeine Form der Windungen und die Verzweigung der Loben, als auch ganz besonders die sogenannten Schalensculpturen sich im Zustande einer fortwährenden Umänderung befanden. Namentlich die Schalensculpturen sind wegen ihrer streng gesetzmässigen Abänderungsfähigkeit im vorgeschrittenen Lebensalter, ebenso aber auch wegen ihrer zähen Vererbungsfähigkeit in den jugendlichen Lebensstufen der Ammoniten von der allergrössten Wichtigkeit für die Erkenntniss der genetischen Beziehungen dieser Cephalopoden-Gruppe, weshalb wir hier die wesentlichsten der verschiedenen Abänderungsrichtungen, welche sich bei den primitiven Biplexrippen bemerklich machen, und aus deren Zusammenwirken hauptsächlich der in dieser Abhandlung betrachtete Formenreichthum entstand, hier noch kurz zusammenfassen wollen.

Erstens kann bei den Biplexformen, wie wir an vielen Beispielen gesehen haben, eine Vermehrung in der Theilung der Rippen eintreten, so dass die ursprünglich zweitheiligen Rippen in den Formenreihen allmählich zu vieltheiligen werden.

Zweitens kann bei den Biplexrippen, wie auch bei den daraus hervorgegangenen vieltheiligen Rippen eine tiefer gegen die Mitte der Seiten oder selbst bis in die Nahtgegend reichende Spaltung eintreten, so dass die primären auf Kosten der secundären oder Theilungs-Rippen mehr oder weniger verkürzt werden. Beispiele, wo sich mit starker Zertheilung der Rippen auch eine tiefere Spaltung combinirt, bieten etwa die Gruppen des *Ammonites polyplocus, Lothari, involutus* etc.

Drittens. Die Spaltung geht in einzelnen Fällen, namentlich bei Biplex-Rippen so tief, dass dieselben in der Nahtgegend ausschlitzen, den Zusammenhang völlig verlieren, und also aus jeder Secundär-Rippe gewissermassen wieder eine selbstständige ungetheilte Primär-Rippe entsteht. Beispiele dieser Art bieten *Amm. caprinus, Arduennensis, Toucasianus, Constanti.*

Viertens kann sich bei ganz verschiedenen Planulaten eine Verschwächung oder Unterbrechung der Rippen auf dem Rücken entwickeln, so dass im letzteren Falle über die Siphonalgegend ein glattes Band verläuft, gegen welches die von den Seiten kommenden Rippen entweder scharf abschneiden oder allmählich in dasselbe verlaufen. Hierher gehörige Beispiele liefert namentlich die Mutabilis-Gruppe und ihre Vorläufer.

Fünftens können auf den Ammoniten der Planulaten-Gruppe Knötchen oder Stacheln zur Ausbildung kommen. Dieselben entstehen aber nicht etwa an beliebigen Punkten der Schale; sie entwickeln sich vielmehr ausschliesslich nur auf den Rippen, und hier auch vorzüglich wieder nur an den Grenzen der zweierlei Arten derselben, nämlich auf der Grenze zwischen den Primär-Rippen und den Secundär-Rippen, d. h. auf der Gabelungsstelle der ersteren; dann ferner an der Grenze der Primärrippen in der Nahtgegend; sowie endlich an der Begrenzung der Secundär-Rippen gegen die Rückenfurche hin. Der Umstand, dass

dann die Stacheln, ebenso aber auch die Rippen bald gröber, bald
feiner, bald dichter, bald sparsamer auf der Schale erscheinen,
trägt dann ebenfalls wieder viel zur Vergrösserung der Formenmannigfaltigkeit bei. Wir können also zunächst drei Arten von
Stacheln unterscheiden:

    a) Den Stacheln oder Knötchen in der Gabelungsstelle der
       Rippen begegnet man am häufigsten; es scheint dies der
       günstigste Ort für die Entwickelung derselben gewesen
       zu sein. Solche Gabelstacheln entstanden schon bei
       den Liasplanulaten und sind dann sehr verbreitet bei
       den Coronaten und Armaten.

    b) Die Nahtstacheln, welche sich an der Grenze der
       Primär-Rippen gegen die Naht hin entwickeln, sind vor-
       züglich bei den Armaten vertreten; sie bilden dort die
       inneren Stachelreihen, während die äussere Reihe den
       Gabelstacheln entspricht.

    c) Rückenstacheln entstehen wiederholt in einzelnen
       Fällen an den Enden der Secundär-Rippen zu beiden Sei-
       ten einer über dem Sipho verlaufenden glatten Furche,
       so z. B. bei *Amm. Jason.*

    Sechstens. Es lässt sich in verschiedenen Entwickelungs-
reihen ein entweder nur theilweises oder zuweilen auch fast voll-
ständiges Verschwinden der Planulatenrippen beobachten. So ist namentlich das Auftreten der Stacheln bei dem Ueber-
gange von den Planulaten zu den Armaten grösstentheils, wie
wir im ersten Kapitel gesehen haben, von einem Verschwinden
der Rippen begleitet. So wie zu den Gabelstacheln die Nahtstacheln hinzutraten, wurden da, wo sich beide dann kräftiger
entwickelten, die Rippen rudimentär und verschwanden endlich
ganz. Dieselben waren offenbar da nicht mehr nothwendig, wo
sich die Schale mit zwei Reihen kräftiger Stacheln bewaffnete, und
es ist somit möglich, dass beide, Rippen und Stacheln, die gleiche
Funktion hatten, dass aber die Stacheln ihrem Zwecke besser ent-
sprachen als die Rippen. Auch bei den eigentlichen Planulaten
ohne Stacheln begegnet man zuweilen einem Verschwinden der
Rippen; namentlich die grossen Formen verlieren manchmal in
höherem Alter die über den Rücken verlaufenden Secundär-Rippen.
Auch bei gewissen Formen jener Gruppe, welche wir im sechsten

Kapitel von *Ammonites annularis* abgeleitet haben, gehen die Rippen zuweilen verloren, aber hier trifft es zuerst die Primär-Rippen auf den Seiten, denen dann in einzelnen Fällen auch die Secundär-Rippen der Rückengegend nachfolgen, so dass ganz glatte Formen entstehen, während bei den echten Planulaten oder der Gattung *Perisphinctes* meistens auf den Seiten der Windungen wulstige Erhöhungen stehen blieben, die den Primär-Rippen entsprechen.

Siebentens können endlich auch, wie wir bei den Armaten gesehen haben, die die Rippen verdrängenden Stacheln selbst wieder verloren gehen, und zwar verschwinden hier die zuerst entstehenden Gabelstacheln auch wieder zuerst. Dieses Verschwinden der Stacheln, sowie auch das Verlorengehen der Rippen in der Planulatengruppe ist dann als paracmastische Degeneration zu betrachten, die dem Erlöschen der betreffenden Entwickelungsreihen vorangeht.

Dies wären die wesentlichsten der gesetzmässigen Abänderungen, denen die Sculpturen der in dieser Schrift betrachteten Ammoniten unterliegen, und aus deren Combination der grosse Formenreichthum hauptsächlich entsteht.

Wir hatten im Verlaufe unserer Betrachtungen Gelegenheit, an zahlreichen Beispielen zu zeigen, dass die Veränderungen an den Sculpturen, sowie an den übrigen Charakteren der Ammoniten-Schalen sich zuerst auf dem letzten (äussern) Umgange derselben bemerklich machen, und dass dann eine solche Veränderung bei den nachfolgenden Generationen sich nach und nach immer weiter gegen den Anfang des spiralen Gehäuses fortschiebt, bis sie den grössten Theil der Windungen beherrscht; dieser können sich alsdann später in derselben Weise noch andere Abänderungen zugesellen, oder sie kann auch durch eine solche selbst auf die gleiche Art wieder bis zu den innersten Windungen verdrängt werden.*) Mit

---

*) In einzelnen Fällen macht man auch die Beobachtung, worauf bereits Neumayr schon aufmerksam machte, dass eine solche auf der letzten Windung auftretende Abänderung sich nicht gleich Anfangs schon bis zur Mündung des betreffenden Ammoniten erstreckt. So sieht man z. B. bei den Uebergangsformen von den Bispinosen zu den Circumspinosen die äusseren Stacheln zuweilen etwas rückwärts von der Mündung zuerst verschwinden, während dann

andern Worten: die Ammoniten erhalten hauptsächlich erst in einem vorgeschrittneren oder reiferen Lebensalter — erst wenn sie den von ihren Eltern ererbten Entwickelungsgang möglichst in derselben Weise wie diese durchgemacht haben — die Fähigkeit, sich nach einer neuen Richtung abzuändern, d. h. sich neuen Verhältnissen anzupassen; jedoch kann sich dann eine solche Veränderung in der Weise auf die Nachkommen forterben, dass sie bei den folgenden Generationen immer wieder ein klein wenig früher auftritt, bis diese letzte Entwickelungsstufe selbst wieder den grössten Theil der Wachsthumsperiode charakterisirt. Eine solche letzte und längste Entwickelungsstufe lässt sich dann aber durch neuere, sich auf gleiche Weise ausbildende kaum jemals wieder ganz verdrängen: Die Vererbung wirkt so mächtig, dass eine solche einmal vorherrschende Periode der Entwickelung sich im jugendlichen Alter der Ammoniten immer wieder, wenn auch oft kaum angedeutet, wiederholt. An den Ammoniten aus jüngeren Schichten müssen dann also diese zurück- oder zusammengedrängten Entwickelungsperioden auf den innersten Umgängen in d e r s e l b e n R e i h e n f o l g e auftreten, wie sie im Laufe geologischer Zeiträume einander die Herrschaft abrangen.

So haben wir z. B. erkannt, dass bei der Entwickelung der Armaten aus den Planulaten sich zuerst die äussere oder Gabelstachelreihe bemerklich machte, dass dann erst im Laufe der Zeiten die inneren oder Nahtstacheln hinzutraten und die Rippen grösstentheils verdrängten. Als dann später die Stacheln wieder verschwanden, ging zuerst die äussere Reihe verloren, und das Verschwinden der inneren folgte erst später nach. Und wenn wir uns an die individuelle Entwickelung der geologisch jüngsten Armaten erinnern, so hatten wir dort während der kurzen Lebensdauer des Einzelwesens eine genaue Wiederholung dieser Reihenfolge von Entwickelungsstadien, welche der Armatenstamm während langer geologischer Zeiträume durchlaufen hat. Wenn man etwa, um ein hierher gehöriges Beispiel in's Gedächtniss zurückzurufen,

---

auf der kurzen Strecke bis zum Mundsaume hin die Stacheln wieder auftreten. Es finden also hier bis zur vollständigen Befestigung der neuen Variationsrichtung auf dem letzten Umgange bisweilen noch Rückschläge statt. In ähnlicher Weise verhält sich zuweilen auch die Ausbildung der Rückenfurche bei den Planulaten.

an Armaten des oberen weissen Jura, die sich zu *Ammonites liparus*
und *sesquinodosus* stellen und also im reiferen Lebensalter nur
noch eine, nämlich die Nahtstachelreihe wahrnehmen lassen, von
aussen her Windung für Windung behutsam absprengt, um so
den Entwickelungsgang des Individuums studiren zu können, so
bemerkt man gegen innen zu auf einer Strecke immer noch zwei
Stachelreihen; weiter gegen das Centrum hin fehlen dann die
Nahtstacheln noch, und wieder etwas weiter gegen innen sind
auch die Gabelstacheln noch nicht vorhanden, so dass der Kern
von einigen Millimeter Durchmessser dann auf etwa einem halben
Umgange als Planulat mit deutlichen Rippchen, aber ohne Stacheln
erscheint. Also selbst die Planulaten-Rippen, welche bei den
liasischen Ureltern dieser Armatenformen die Windungen beherrschten, im oberen braunen Jura aber schon von den Stacheln
verdrängt wurden, bezeichnen noch in den jüngern Schichten des
weissen Jura bei diesen späten und wesentlich veränderten Nachkommen eine kurze Periode des jugendlichen Alters.

Die Ammoniten, wie auch gewisse andere Schalthiere, sind
somit derart günstig organisirt, dass wir an ihren fertigen Ge-
häusen mancherlei wichtige Studien über die O n t o g e n i e oder d i e
Entwickelungsgeschichte der Individuen machen können,
wozu die festen oder versteinerungsfähigen Theile mancher anderer
wichtiger Thierklassen nur dann Gelegenheit geben, wenn wir
Individuen von verschiedenen Lebensaltern zur Untersuchung herbeiziehen können. Damit vereinigen sich dann noch andere, nicht
minder günstige Verhältnisse. Die Ammoniten veränderten sich
nämlich im Laufe geologischer Zeiträume weit rascher und in
stärkerem Masse, als verschiedene andere Thiergruppen, von deren
Fossilresten dieselben begleitet werden, und der günstige Umstand,
dass während lange andauernder geologischer Zeiträume ununter-
brochen grosse Mengen von Ammonitenschalen in den kalkigen
Schlamm auf dem Grunde der Jura-Meere eingehüllt wurden und
in ihren Formen bis heute genau erhalten blieben, macht es
uns möglich, die p a l ä o n t o l o g i s c h e Entwickelungsgeschichte dieser Cephalopodengruppe oder ihre P h y l o g e n i e
bis in's Einzelne durch direkte Beobachtungen genau festzustellen.

Indem wir also hier die P h y l o g e n i e und O n t o g e n i e
bis in's schärfste Detail, bis zum Ursprunge dieser Erscheinungs-

reihen, gemeinschaftlich an denselben versteinerten Organismenresten verfolgen können, tritt uns der ursächliche Zusammenhang dieser beiden Erscheinungsreihen so klar und deutlich vor die Augen wie vielleicht kaum anderswo, denn kaum werden wir bis jetzt den schärfsten Nachweis für das biogenetische Grundgesetz so kurz und übersichtlich beisammen haben wie hier — für das „höchst wichtige biogenetische Grundgesetz", welches Haeckel in seinen bekannten Werken in folgender Weise formulirt: „Die Ontogenie, oder die Entwickelung des Individuums, ist eine kurze und schnelle, durch die Gesetze der Vererbung und Anpassung bedingte Wiederholung (Recapitulation) der Phylogenie oder der Entwickelung des zugehörigen Stammes, d. h. der Vorfahren, welche die Ahnenkette des betreffenden Individuums bilden".

Es ist leicht begreiflich, dass im Verlaufe geologischer Zeiträume in den Existenzbedingungen der Ammoniten bald in dieser, bald in jener Richtung kleine Aenderungen eintreten mussten; die verschiedenen Formen hatten sich dann den veränderten Verhältnissen immer wieder anzupassen; der Anpassung aber wirkte die mächtige Funktion der Vererbung der früher ebenfalls durch Anpassung errungenen Charaktere entgegen. In dem jüngeren Lebensalter wirkte vorzüglich nur die Vererbung, während in weiter vorgeschrittenem, selbstständigerem Alter des Individuums sich zunächst die Anpassung bemerklich machte. Deshalb ergibt sich bei den Ammoniten oftmals zwischen den äusseren und inneren Windungen eines Inviduums eine weit grössere Verschiedenheit zu erkennen, als zwischen den Windungen zweier Individuen, die man zwei „guten Species" oder selbst verschiedenen Ammonitengattungen zuzählt.

Der Kampf um's Dasein wird überhaupt die Ammoniten auch ohne Weiteres schon beständig dazu angetrieben haben, gewissermassen neue Existenzen aufzusuchen oder neue Stellungen im Haushalte der Natur zu erstreben. Dieser Kampf wird aber im reiferen Lebensalter, wo die Bedürfnisse am grössten waren, wohl auch am stärksten gewesen sein, und zufällige Abänderungen, die sich dem Thiere im Kampfe um's Dasein nützlich erwiesen, mögen sich deshalb auch in diesem vorgeschrittenen Lebensalter am leichtesten und schnellsten befestigt haben.

Eine einfache und befriedigende Erklärung der soeben besprochenen Erscheinungen erhalten wir überhaupt nur durch die
Darwin'sche Selektionstheorie. Wenn nämlich im vorgeschrittenen Lebensalter bei einer Ammonitenform eine Veränderung
beginnt und sich wieder auf die Nachkommen vererbt, so wird
bei den letzteren zwar nach dem Gesetze der gleichzeitigen Vererbung diese Veränderung sich ebenfalls wieder in demselben
Lebensalter bemerklich machen; da jedoch kein organisches Individuum dem andern absolut gleicht, so kann auch bei dieser
Nachkommenschaft an dem einen Individuum diese Abweichung
ein klein wenig früher, bei einem andern vielleicht ein wenig später
auftreten. Ist nun die Veränderung eine Verbesserung, eine Anpassung an neue Lebensbedingungen, so werden diejenigen Individuen, bei denen sie am frühesten auftritt, einen kleinen Vortheil im Kampfe um's Dasein gewinnen, und indem sich diese
kleinen zeitlichen Schwankungen der Anpassungsveränderung bei
den folgenden Generationen immer in dieser Richtung summiren,
so werden immer jugendlichere Lebensstufen schon Antheil an
den Vorzügen dieser Veränderung nehmen, bis dieselbe endlich
den grössten Theil der Wachsthumsperiode charakterisirt. Einer
Grenze jedoch begegnet diese Aenderung auf den innersten Windungen, wo sich die während langer Zeit fortgeerbten früheren
Entwickelungszustände zusammengedrängt haben, und wo die
Vererbung dieser früheren Zustände der Anpassung gewissermassen das Gleichgewicht hält.

Da Vererbung und Anpassung einander entgegenwirken,
indem erstere bestrebt ist, die organischen Formen zu erhalten, während letztere dieselben abzuändern trachtet, so sehen
wir bei den Ammoniten die Funktion der Anpassung erst
dann den freiesten Spielraum gewinnen, wenn die
Funktion der Vererbung erschöpft ist, was dann eintritt, wenn die Reihe der elterlichen Entwickelungszustände möglichst genau in der gleichen Weise wiederholt ist. Die Anpassungsfähigkeit ist bei den Ammoniten
im reiferen Lebensalter am grössten und im jugendlichen Alter
am kleinsten. Die durch den Kampf um's Dasein bedingte natürliche Züchtung ist es nun, welche eine im reiferen Lebensalter
sich zuerst befestigte nützliche Abänderung nach und nach in

immer frühere Lebensstufen schon einführt und dadurch die Vererbung eines früher ebenfalls auf dieselbe Weise allmählich befestigten Charakters beschränkt: die natürliche Züchtung regulirt und verschiebt also fortwährend die Grenze zwischen der Macht der Vererbung und jener der Anpassung und schafft so das ewig wechselnde Formenspiel der organischen Welt. Zwei wichtige Gesetze, ein Anpassungs- und ein Vererbungsgesetz, treten somit bei der Entwickelung der Ammoniten besonders scharf hervor, und ich habe bereits früher vorgeschlagen (Ausland, 1873, S. 26), das eine derselben als „das Gesetz der Anpassung im reiferen Lebensalter", das andere als „das Gesetz der frühzeitigeren Vererbung" zu bezeichnen. Diese beiden Gesetze sind es nun insbesondere, welche den Parallelismus zwischen der Ontogenie und der Phylogenie der Ammoniten, oder zwischen der individuellen und der paläontologischen oder historischen Entwickelung derselben bedingen. Es dürften bei der Entwickelung der organischen Welt somit diese Gesetze überhaupt nicht die geringste Rolle gespielt haben, sondern ganz besonders da wirksam gewesen sein, wo die in der Stammesgeschichte auf einander folgenden Entwickelungsperioden sich im Leben des Individuums ganz in derselben Reihenfolge wiederholen.

Darwin und Haeckel haben bereits eine Anzahl Vererbungs- und Anpassungsgesetze näher besprochen und ausführlich begründet; und der letztere formulirt in der Reihe der Anpassungsgesetze dasjenige der „unbeschränkten Anpassung" in folgender Weise: „Alle Organismen können zeitlebens, zu jeder Zeit ihrer Entwickelung und an jedem Theile ihres Körpers, neue Anpassungen erleiden; und diese Abänderungsfähigkeit ist unbeschränkt, entsprechend der unbeschränkten Mannigfaltigkeit und beständigen Veränderung der auf den Organismus einwirkenden Existenzbedingungen." (Haeckel, Generelle Morphologie 2. Bd. S. 219.) Unser Gesetz der Anpassung im reiferen Lebensalter, welches vorzüglich für die Ammoniten gilt, ist daher nur ein specieller, eingeschränkter Fall dieses allgemeinen Anpassungsgesetzes; dasselbe lässt sich etwa in folgender Weise formuliren: Manche Organismen erhalten die Fähigkeit zu neuen Veränderungen oder Anpassungen erst in

einem vorgeschrittenen oder reiferen Lebensalter, erst
dann, wenn sie den von ihren Eltern ererbten Entwickelungsgang möglichst in derselben Weise wie diese
durchgemacht haben, oder eben erst dann, wenn der
Kampf um's Dasein im reiferen Lebensalter mit den
grössten Bedürfnissen des Individuums den Höhepunkt
erreicht hat, und sich somit nützliche Abänderungen am
leichtesten erhalten und befestigen können.

Das zweite Gesetz, welches sich aus einem vergleichenden
Studium der Ammoniten ableiten lässt, stellt sich in die Reihe
der Vererbungsgesetze und zwar speciell in jene Abtheilung,
welche Haeckel (Gen. Morph. 2. Bd. S. 176) als „Gesetze der
progressiven Vererbung" bezeichnet. Wir können dieses Gesetz
der frühzeitigeren Vererbung etwa in folgender Weise kurz
zusammenfassen: Die in einem vorgeschrittenen Lebensalter von manchen Organismen erworbenen Veränderungen können sich, wenn es nützlich ist, in
der Weise bei ihren Nachkommen forterben, dass sie
bei den nachfolgenden Generationen immer ein klein
wenig früher auftreten als bei den vorhergehenden.

Die höchst interessante und wichtige Erscheinung des Parallelismus zwischen der Ontogenie und Phylogenie entspringt
also bei den Ammoniten aus dem Zusammenwirken dreier einfacher Vererbungs- und Anpassungsgesetze. Das erste dieser Gesetze ist das schon längst allgemein bekannte „Gesetz der
ununterbrochenen oder continuirlichen Vererbung",
welches aussagt, dass bei den meisten Organismen alle unmittelbar auf einander folgenden Generationen einander in allen mor-
phologischen und physiologischen Charakteren entweder nahezu
gleich oder doch ähnlich sind. Das zweite in Betracht kommende
Gesetz ist dann dasjenige der Anpassung im reiferen
Lebensalter, und das dritte endlich das Gesetz der frühzeitigeren Vererbung. Schon hieraus geht hervor, dass diese
letzteren beiden Gesetze nicht blos für die Ammoniten gelten,
sondern eine viel allgemeinere Bedeutung haben
müssen.

Haeckel hat unter seinen Vererbungsgesetzen ein „Gesetz
der abgekürzten oder vereinfachten Vererbung", welches in

folgender Weise definirt wird: „Die Kette von ererbten Charakteren, welche in einer bestimmten Reihenfolge successiv während der individuellen Entwickelung vererbt werden und nach einander auftreten, wird im Laufe der Zeit abgekürzt, indem einzelne Glieder ausfallen." (Gen. Morph. 2. Bd. S. 184). Dieses Gesetz der abgekürzten Vererbung ist eine nothwendige Folge von dem Gesetze der frühzeitigeren Vererbung. Denn es ist leicht einzusehen, dass die fortgesetzte Wirkung der frühzeitigeren Vererbung der fortwährend im reiferen Lebensalter auftretenden Abänderungen dahin führen muss, die früheren Entwickelungsstadien näher zusammenzudrängen, zu verwischen oder zum Theil ausfallen zu lassen, wenn die Zeit der eigentlichen Entwickelung der Organismen nicht über alle Massen hinaus verlängert werden soll.

Was nun endlich das Verhältniss des Gesetzes der früh- zeitigen Vererbung zu dem Gesetze der gleichzeitigen Vererbung betrifft, so ist zu beachten, dass das erstere eigentlich in dem letzteren wurzelt, oder dass, wie wir bereits andeuteten, die frühzeitigere Vererbung aus dem Zusammenwirken der gleichzeitigen Vererbung und der natürlichen Züchtung entspringt, nur darf man die Erscheinung der gleichzeitigen Vererbung nicht buchstäblich eng auffassen. Haeckel (Gen. Morph. 2. Bd. S. 190) definirt dieses Gesetz, welches bereits von Darwin in seinem berühmten Buche über die Entstehung der Arten als das „Gesetz der Vererbung in correspondirendem Lebensalter" begründet wurde, in folgender Weise: „Alle Organismen können die bestimmten Veränderungen, welche sie zu irgend einer Zeit ihrer individuellen Existenz durch Anpassung erworben haben, und welche ihre Vorfahren nicht besassen, genau in derselben Lebenszeit auf ihre Nachkommen vererben." Hier macht sich jedoch ein gewisser Spielraum geltend, so dass man statt „genau in derselben Lebenszeit" besser sagen würde „mehr oder weniger genau in derselben Lebenszeit".

Wenn wir in den einzelnen Fällen nach dem speciellen Nutzen oder Vortheil fragen, welchen diese oder jene Abänderung den Ammoniten im Kampfe um's Dasein gebracht habe, so können wir hier umsoweniger eine bestimmte Antwort erwarten, als uns die Lebensweise dieser ausgestorbenen Wesen zu wenig bekannt geworden ist. Es sind mehr nur Vermuthungen, die sich hier aussprechen lassen.

Beim Studium der Entwickelungsgeschichte der Ammoniten wird es uns klar, dass mit Stacheln versehene Schalen mehrmals verschiedenen Gruppen derselben nützlicher sein mussten, als blos berippte Gehäuse; so haben wir z. B. bei der Entwickelung der Armaten erkannt, dass die Rippen nach und nach vollständig gegen Stacheln ausgetauscht wurden. Worin jedoch dieser grössere Nutzen der Stacheln gegenüber den Rippen eigentlich bestand, lässt sich nicht ausfindig machen, so lange wir überhaupt die Funktion der Rippen und Stacheln nicht kennen. Man könnte vielleicht vermuthen, die Stacheln hätten den Ammoniten zum Schutze gegen äussere Angriffe gedient.

Neumayr hat besonders hervorgehoben, wie man oft bei den verschiedensten Planulatentypen in den verschiedensten Zonen des Jura immer von Neuem wieder die Ausbildung einer glatten Rückenfurche beobachten könne, und hat dann auch versucht, eine Erklärung dieser Erscheinung zu geben. Er sagt darüber (Acanthicus-Schichten S. 172): „Dass das Auftreten eines glatten Bandes auf der Externseite (Rückenseite) für das Thier von Nutzen war, lässt sich aus der ausserordentlichen Feinheit und Zerbrechlichkeit des Sipho bei den Perisphincten ableiten. Derselbe musste also bei einem Stosse auf die Externseite der Gefahr des Zerbrechens ganz besonders ausgesetzt sein; tritt ein glattes Band in der Medianlinie der Externseite, also gerade über dem Sipho, auf und brechen neben diesem Bande die Rippen, wie es die Regel ist, nicht allmählich, sondern plötzlich ab, so ragen deren Enden etwas über das glatte Band hervor. Ein die Externseite treffender Stoss oder Druck wird daher zunächst die hervorragenden Enden der Rippen, nicht das glatte Medianband treffen; erstere bilden also ein Schutzmittel für letzteres und also mittelbar auch für den dicht unter demselben liegenden Sipho."

Einen weiteren Fall, wo man in den Stand gesetzt ist, sich eine bestimmtere Ansicht zu bilden über den Nutzen, den eine specielle Abänderung den Ammoniten gewährte, bietet uns, wie ich bereits früher (Ausland, 1873, S. 27) gezeigt habe, die Entwickelung der sogenannten „ammonitischen Nebenformen." Diejenigen Cephalopodengehäuse, welche man bis vor einigen

Jahren allgemein mit dem Gattungsnamen „*Ammonites*" bezeichnete, sind bekanntlich durch eine „geschlossene", ebene Spiralwindung charakterisirt, d. h. jeder folgende (jüngere) Umgang der
spiralförmig aufgerollten Gehäuse legt sich fest auf den vorhergehenden, oder umhüllt denselben meist sogar noch theilweise.
Schon in der Jura-, insbesondere aber in der Kreideformation
trifft man nun aber auch noch Cephalopodengehäuse, welche durch
die Entwickelung der Kammerscheidewände und der Schalensculpturen zwar in einem innigen Verwandtschaftsverhältnisse zu
den echten Ammoniten stehen, denen aber die geschlossene Spiralwindung theilweise oder ganz fehlt. Bei diesen „ammonitischen Nebenformen", wenn sie überhaupt die ebene Spirale
noch beibehalten haben, legen sich die Windungen nicht mehr
aufeinander: es bleiben Zwischenräume, zwischen denen man
hindurchsehen kann (*Crioceras* d'Orbigny, Terrains crétacés
Taf. 113—115; Quenstedt, Ceph. Taf. 20 Fig. 10, 12, 13).
Oder der Verlauf der Schalenröhren folgt ganz anderen Curven
(*Toxoceras*, *Ancyloceras*, *Hamites*, *Ptychoceras*), selbst konische
Spiralwindungen treten auf (*Turrilites*), ähnlich wie bei den Gasteropoden. Im braunen Jura liegen solche ammonitische Nebenformen, die von einigen Autoren zu *Hamites* gestellt, von andern
als *Toxoceras*, *Ancyloceras* etc. bezeichnet werden, die mit echten
Ammoniten des braunen Jura sonst genau übereinstimmen, und
nur durch das Fehlen einer geschlossenen Spiralwindung von
denselben abweichen, so dass man sie geradezu nur für losgewickelte, gestreckte Ammonitengehäuse ansehen möchte.

Unter den Ammoniten gibt es mehrere Gruppen, welche auf
dem Rücken der Windungen mit Knötchen oder selbst längeren
Stacheln versehen sind. Diese Stacheln stehen in zwei Reihen
gewöhnlich zu beiden Seiten einer glatten Furche, welche sich
dem Sipho entlang fortsetzt. Wie wir nachgewiesen haben, dass
die Seitenstacheln bei den Ammoniten sich zuerst auf dem äusseren Umgange entwickelten und sich dann von da erst auf die
inneren Windungen verbreiteten, so lässt sich auch zeigen, dass
die Stacheln auf dem Rücken sich ebenfalls zuerst auf dem letzten Umgange ausbildeten. So lange sich nun diese Rückenstacheln blos auf dem äusseren Umgange befanden, mögen sie
ihren Zweck fortwährend recht gut erfüllt haben und nie lästig

geworden sein. Ein ganz anderes Verhältniss jedoch wird eingetreten sein, sobald sich diese Stacheln, dem Gesetze der frühzeitigeren Vererbung gemäss, auch auf die inneren Windungen ausgebreitet hatten. Wenn sich jetzt beim Weiterwachsen des Ammonitengehäuses die späteren Windungen fest auf den Rücken der früheren auflegen wollten, so mussten die Stacheln bis zu einer bedeutenden Tiefe in die späteren Umgänge eindringen. Als Beispiel sei etwa *Ammonites ornatus* (Quenstedt, Jura Taf. 70 Fig. 1—4) erwähnt; „das Thier sass hier mit seinem Fleisch wie auf einer Hechel, ein vortreffliches Befestigungsmittel!" bemerkt Quenstedt. Auf einer Hechel zu sitzen wird übrigens nicht gerade die angenehmste Situation sein, und es ist leicht begreiflich, dass dies dem Thiere, namentlich auch bei gewissen Bewegungen, z. B. beim Zurückziehen in die Schale oder beim Hinausgehen aus derselben, recht unbequem werden musste; ein schneller Rückzug in sein Haus, wie es dem Thiere bei augenblicklicher Gefahr unter Umständen von grossem Vortheil sein mochte, war unter diesen Verhältnissen wohl gar nicht möglich. Diesem Hinderniss war jedoch einfach dadurch abzuhelfen, dass die späteren Windungen die Rückendornen der vorhergehenden nicht mehr in sich aufnahmen. Dasjenige Individuum, welches zuerst die Stacheln etwas weniger tief eindringen liess, hatte also jedenfalls einen Vortheil über die anderen; dadurch musste aber ein kleiner leerer Zwischenraum zwischen den Windungen entstehen. Je weniger nach und nach die Stacheln in die späteren Umgänge eindrangen, d. h. je mehr sich diese neue Veränderung durch die natürliche Züchtung nach den Gesetzen der Vererbung und Anpassung befestigte und weiter ausbildete, desto grösser wurde dieser Zwischenraum, bis zuletzt die Windungen höchstens noch auf den Spitzen der Stacheln aufstanden oder auch gar nicht mehr mit den vorhergehenden Umgängen in Berührung kamen, und also schon diejenigen Formen erreicht waren, welche man als *Crioceras* bezeichnet. (Man vergleiche etwa Quenstedt, Ceph. Taf. 20 Fig. 12, 13, 10; d'Orbigny, Terrains crétacés Taf. 113—115). Der feste Halt, den die Windungen durch das solide Aufeinanderliegen gewannen, war also jetzt aufgegeben, und die Krümmungsrichtung der späteren Windungen war somit keine bestimmt vorgeschriebene mehr. Die Neigung zur Krümmung des röhrenförmigen Gehäuses erbte sich zwar immer noch fort, aber sie erging sich in verschiedenen, jetzt ganz freien Richtungen, wodurch die vielerlei sonderbaren Gestalten der „ammonitischen Nebenformen" entstanden, welche in eine ganze Anzahl von Gattungen und Arten eingetheilt wurden. (Man vergl. etwa d'Orbigny, Terr. jur. Taf. 225—234; d'Orbigny, Terrains crétacés Taf. 113—148; Quenstedt, Ceph. Taf. 11 Fig. 14 u. 15, Taf. 20—22; Quenstedt, Jura Taf. 55). Selbst die gerade gestreckte, ursprüngliche Form des Cephalopodengehäuses wurde jetzt zum Theil wieder erreicht (*Baculites* d'Orbigny, Terr. crétacés Taf. 138 u. 139; Quenstedt, Ceph. Taf. 21 Fig. 15—17). Wie sehr übrigens diese Röhren daran gewöhnt waren, oder wie nothwendig es ihnen war, einen sicheren Halt dadurch zu gewinnen, dass sich der jüngere Theil derselben eng an den älteren anschmiegte, davon geben uns die Ptychoceras-Formen (d'Orbigny, Terr. crétacés Taf. 137; Quenstedt, Ceph. Taf. 21 Fig. 21 u. 22) ein interessantes Beispiel; nachdem das Gehäuse hier eine Zeit lang in gerader Richtung fortgewachsen ist, biegt es sich plötzlich um, und indem es jetzt nach entgegengesetzter Richtung fortwächst, legt es sich fest auf die Bauchseite des älteren Theiles an. Wieder andere Formen fanden dadurch Gelegenheit, dem Verlaufe ihrer röhrenförmigen Schalen eine solidere Gestalt zu geben, dass sie dieselben in spitzen konischen Spiralen zusammenrollen lernten; so die *Turriliten* (d'Orbigny, Terr. crétacés Taf. 140—147; Quenstedt, Ceph. Taf. 21 Fig. 24 u. 26, Taf. 22 Fig. 1); hier, wo blos die berippten Seiten der Windungen aufeinander zu liegen kommen, also der Rücken ganz frei bleibt, werden die auf dem letzteren stehenden Knoten und Stacheln niemals unbequem.

Die Bewaffnung mit Stacheln war also für die Ammoniten mehrfach von so grosser Wichtigkeit, dass sie selbst die, diese Gruppe sonst weitaus charakterisirende, geschlossene, ebene Spiralwindung ganz verliessen, nur um die Stacheln auf dem Rücken ungehindert entwickeln zu können. Es gibt nun freilich auch mehrere „ammonitische Nebenformen", welche keine Rückenstacheln wahrnehmen lassen; für einen Theil derselben lässt sich jedoch nachweisen, dass ihre Stacheln erst später, als die Windungen bereits abgewickelt waren, durch Degeneration, ähnlich wie bei den Armaten, wieder verloren gegangen sind. Zudem bleibt aber auch der Fall nicht ausgeschlossen, dass bei der Abwickelung der Ammonitenwindungen ausserdem noch andere Ursachen, als die Ausbildung der Rückenstacheln mitgewirkt haben können. Vielleicht fällt ein Theil dieser Erscheinung in das Gebiet der paracmastischen Degeneration, von welchem Zustande wohl noch ein grösserer Theil der Ammoniten im Zeitalter der Kreide vor dem jähen und gänzlichen Untergange dieser grossen Cephalopodengruppe ergriffen wurde. Bemerkenswerth bleibt es jedoch immerhin, dass wohl der grösste Theil der „ammonitischen Nebenformen" thatsächlich zahlreiche Stacheln oder Knoten auf dem Rücken wahrnehmen lässt. Es ist ferner auch zu beachten, dass echte Ammoniten, welche auf den inneren Windungen mit stärker hervorragenden Rückenstacheln versehen waren, in Wirklichkeit zu den Seltenheiten gehören; diese Formen mussten im Kampfe um's Dasein mit den übrigen Ammoniten, insbesondere mit jenen ihnen nahe verwandten Formen, welche durch das Aufgeben der geschlossenen Spirale nach und nach einen wesentlichen Vortheil über sie gewannen, sehr bald unterliegen.

Zum Schlusse mag hier noch eine kurze Erörterung der Frage nach dem einstämmigen (monophyletischen) oder vielstämmigen (polyphyletischen) Ursprunge der Ammonitengruppen Platz finden. Aus den Betrachtungen, welche wir bisher über die Stammesgeschichte der Ammoniten angestellt haben, dürfte wohl ohne Weiteres schon hervorgehen, dass der Ursprung der meisten der hier berücksichtigten Gruppen sich als monophyletisch zu erkennen gibt; denn fast immer sehen wir eine bestimmte Form oder enger begrenzte Formengruppe nur als das Glied einer einzigen Entwickelungsreihe auftreten; nur einzelne wenige Fälle machten sich bemerklich, wo aus verschiedenen Formenreihen einander sehr ähnliche Endglieder hervorgingen. Es sei z. B. an die Mutabilisgruppe erinnert; hier wurden diese Endglieder einander selbst so ähnlich, dass sogar schon mehrere derselben zu einer einzigen Art vereinigt wurden und wir demnach hier sogar von einem polyphyletischen Ursprunge der Species sprechen könnten. Wenn nun aber auch die äusseren Umgänge solcher Mutabilisformen einander noch so ähnlich werden, so sind dann die inneren Windungen um so verschiedener und verrathen den verschie-

denartigen Ursprung der allenfalls zu einer Species zusammen-
gefassten Individuen nur zu deutlich, so dass eine solche polyphyletische Species dann eben blos noch als eine natur-
widrige Zusammenstellung verschiedenartiger Dinge erscheint,
die in dem auf den genetischen Zusammenhang der Formen ge-
gründeten System sich von selbst auflöst. Es können solche Formen dann überhaupt nicht als selbstständige, natürliche Gruppen, sei
es in engerer oder weiterer Fassung, mit einander vereinigt werden; sie bleiben vielmehr einfach als Glieder ihrer Entwickelungsreihen im Stammbaume stehen, wenn auch noch so weit von
einander entfernt, so dass sich dann in solchen Fällen von einem
polyphyletischen Ursprunge eigentlich gar nicht mehr reden lässt.

Solche Fälle wie bei der Mutabilis-Gruppe, wo zu verschiedenen Zeiten verschiedene Formen, ähnlichen Existenzbedingungen
sich anpassend, derart sich abänderten, dass sie einander sehr
ähnlich wurden, trifft man bei den Ammoniten noch mehrfach.
Wenn man z. B. die Gruppe der Armaten etwas weiter fasst und
jene Formen mit zwei seitlichen Stachelreihen, welche schon im
Lias liegen, noch beizieht, so erhält man für die Armaten auch
wenigstens einen diphyletischen Ursprung. Denn jene Lias-Arma-
ten, so ähnlich auch gewisse Formen, wie z. B. *Ammonites Birchi*
(d'Orbigny, Terr. jur. Taf. 86), den Perarmaten werden mögen,
haben doch eine ganz andere Entwickelungsgeschichte als die
letzteren.

Manche der neuerdings unterschiedenen Ammonitengattungen
erweisen sich, so wie sie jetzt noch gefasst werden, auch als
polyphyletisch; aber gerade z. Th. schon aus diesem Grunde erscheinen sie uns nicht recht naturgemäss, denn hier sind noch
vielfach verschiedene Dinge als natürliche Gruppen zusammengefasst, die bei consequenter Verfolgung des genetischen Principes
sich wesentlich anders gruppiren, weshalb ich es bei dieser Arbeit
auch vorziehen musste, bei dem alten umfassenden Gattungsnamen
„*Ammonites*" stehen zu bleiben. Ich bin davon überzeugt, dass
bis zur einigermassen genügenden Feststellung der genetischen
Beziehungen der Ammoniten manche Form derselben noch von
der einen dieser Gattungen zur andern ziehen wird und hierbei,
wie es bereits vorgekommen ist, sogar mehrere Gattungen durch-
wandern muss, bis der richtige Platz gefunden ist. Wohl wird

sich vielleicht auch die Zahl dieser Gattungen noch bedeutend vermehren, und zuletzt werden dann dieselben voraussichtlich derart gefasst werden müssen, dass sie als monophyletische Gruppen erscheinen. Ob es nun aber sehr zweckmässig oder überhaupt nothwendig ist, diese Gruppen mit besonderem Gattungsnamen in das System einzuführen, oder ob es sich mehr empfiehlt, bei dem bisher allgemein gebräuchlichen Gattungsnamen „*Ammonites*" stehen zu bleiben und dieselben dann nur als Unterabtheilungen innerhalb der grossen Ammonitengattung gelten zu lassen: dies sind Fragen, die zur Zeit noch ganz verschieden beantwortet werden, die uns hier aber eigentlich auch weiter nicht berühren.

Wenn wir den Ursprung der einzelnen Theile der Ammonitengehäuse für sich allein etwas näher verfolgen, so machen wir indess die Beobachtung, dass z. B. die Stacheln, Rippen, Rückenfurchen etc. sich mehrmals bei ganz verschiedenen Ammonitengruppen und ganz unabhängig von einander in gleicher Weise entwickelten. Diese einzelnen Theile der sog. „Schalensculpturen" haben also einen polyphyletischen Ursprung, und man kann dieselben mit H a e c k e l *) als a s e m i s c h e Organe bezeichnen, zum Unterschiede von den s e m a n t i s c h e n Organen, welche nur einmal entstanden sind, also einen monophyletischen Ursprung haben. Als einen solchen asemischen Theil der Ammonitengehäuse haben wir bereits die Rückenfurche erkannt, welche sich besonders bei den Planulaten und Coronaten mehrmals ganz unabhängig entwickelte. Auch dafür, dass die Stacheln asemische Organe sind, wollen wir noch einige Beispiele anführen. Im mittleren Lias ist bereits eine Ammonitengruppe vorhanden, welche Formen mit einer oder zwei Stachelreihen enthält, die gewissen Armaten des weissen Jura zuweilen sehr ähnlich werden, ohne dass sich jedoch ein genetischer Zusammenhang dieser Liasarmaten mit jenen des oberen Jura nachweisen liesse. Die Armaten des Lias wurden von Q u e n s t e d t und d'O r b i g n y in den oben vielfach citirten Werken in ihren verschiedenen Abänderungen mehrfach abgebildet. Um noch einige weitere Beispiele von stacheltragen-

*) H a e c k e l, einstämmiger und vielstämmiger Ursprung. Kosmos, 2. Jahrgang (IV. Bd.) 1879 S. 373.

den Ammoniten hier anzuführen, zwischen welchen keine näheren
verwandtschaftlichen Beziehungen stattfinden, die vielmehr im
Stammbaum oft recht weit auseinanderstehen, so dass an einen gemeinsamen einmaligen Ursprung ihrer Stacheln nicht im Entferntesten
gedacht werden kann, mag nur etwa noch an die folgenden Formen
erinnert werden: *Ammonites amaltheus* oder *margaritatus* (Quenstedt, Ceph. Taf. 5 Fig. 4 b; Jura Taf. 20; d'Orbigny, Terr.
jur. Taf. 68); *Amm. Sowerbyi* (d'Orbigny, Terr. jur. Taf. 119;
Quenstedt, Jura Taf. 50 Fig. 11; Waagen*), Taf. 27 Fig. 2,
vergl. auch Taf. 28); *Amm. tuberculatus* (d'Orbigny, Terr.
crétacés Taf. 66); *Amm. mammillaris* (d'Orbigny, Terr. crét.
Taf. 72 u. 73); *Amm. rusticus* (d'Orbigny, Terr. crét. Taf. 111).
Sogar bei *Nautilus* treten zuweilen zwei Knotenreihen nach Art
der Perarmaten auf, wie uns die Abbildungen von Mojsisovics
(das Gebirge um Hallstadt**) Taf. 2 Fig. 2: *Nautilus perarmatus*;
Taf. 7 Fig. 3: *Nautilus Wulfeni*) zeigen.

Wenn wir in den ersten Kapiteln dieser Schrift gezeigt haben,
dass die Armaten des oberen Jura ihren Ursprung von den Planulaten genommen haben, so mag hier zum Schlusse noch darauf
hingewiesen werden, dass dagegen die Armaten des Lias zunächst
mit der Gruppe der Capricornier in genetischer Beziehung stehen.
Aber auch die Planulaten lassen sich wahrscheinlich selbst wieder von ungestachelten Capricorniern ableiten, während die
letzteren dann durch die Gruppe des *Ammonites torus* d'Orbigny
oder *Amm. Johnstoni* Sowerbyi vielleicht wiederum mit der an
der Basis der jurassischen Formation liegenden ganz glatten Gruppe
des *Amm. planorbis* Sowerbyi oder *Amm. psilonotus laevis* Quenstedt verbunden sind. Es steht damit auch das vollständige
Glattwerden der innersten Windungen bei verschiedenen Ammonitengruppen des Jura, namentlich auch der Planulaten und
Armaten, im Einklange.

Wir hätten somit hier den Fall, dass sich von zwei ganz
verschiedenen Entwickelungsstufen desselben Stammes, der sich
von den ältesten bis zu den jüngsten jurassischen Ablagerungen
verfolgen lässt, ganz unabhängig in zwei verschiedenen Zeitaltern

---

*) W. Waagen, über die Zone der *Amm. Sowerbyi.* In Beneckes
geognostisch-paläont. Beiträgen, Band I.
**) Abhandl. d. k. k. geolog. Reichsanstalt. Band 6.

Gruppen mit zwei Stachelreihen abzweigen, deren Formen auch bei zuweilen vorhandener äusserer Aehnlichkeit doch ihren verschiedenartigen Ursprung genügend zu erkennen geben und in keiner Weise einen direkten genetischen Zusammenhang andeuten. Die Armaten des Lias wurden bis jetzt nicht höher als in den mittleren Lagen dieser Hauptabtheilung der Juraformation gefunden und waren längst ausgestorben, als sich die Armaten oder Aspidocerasgruppe des oberen Jura in den Kelloway-Schichten auszubilden begannen. Was nun endlich noch *Ammonites pettos* Quenstedt und *Amm. Grenouillouxi* d'Orbigny betrifft, so sind dies allerdings Coronaten- oder Planulaten-ähnliche Ammoniten mit einer Stachel- oder Knotenreihe, die bereits tiefer als die gestachelten Planulaten des Lias liegen. Aber es ist möglich, das diese Pettos-Gruppe ihren Ursprung bereits von Capricorniern nahm, bei welchen die Knötchen schon angedeutet waren, während die Planulaten von ungestachelten Capricorniern ausgingen; jedenfalls haben sich im oberen Lias, wie wir im ersten Kapitel zeigten, gestachelte Planulaten wieder direkt aus ungestachelten und unabhängig von der Pettos-Gruppe entwickelt. Ob aber die Coronaten des braunen Jura in diesen beiden Gruppen zugleich oder nur in einer derselben wurzeln, dies werden weitere Untersuchungen zu entscheiden haben.

Stammtafeln.

Stammbaum der Armaten oder der Ammonitengattung Aspidoceras.

Stammbaum der Nachkommenschaft des Ammonites annularis.

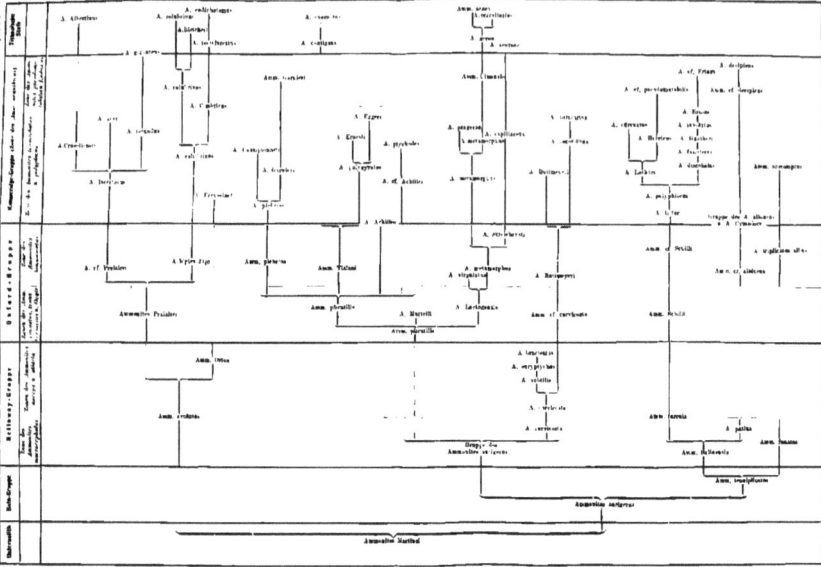

Stammbaum jurassischer Planulaten (Ammonitengattung Perisphinctes).

Formarten und paläontologisch begründet von L. Würtenberger.

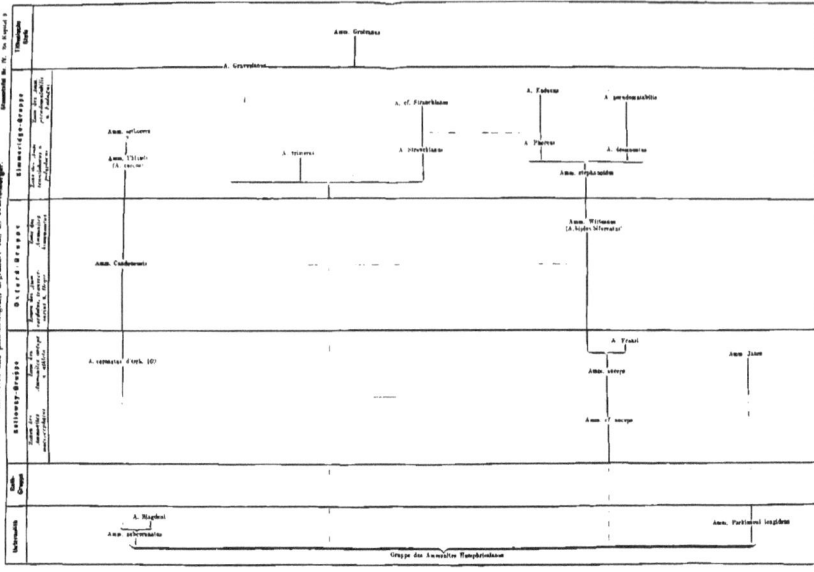
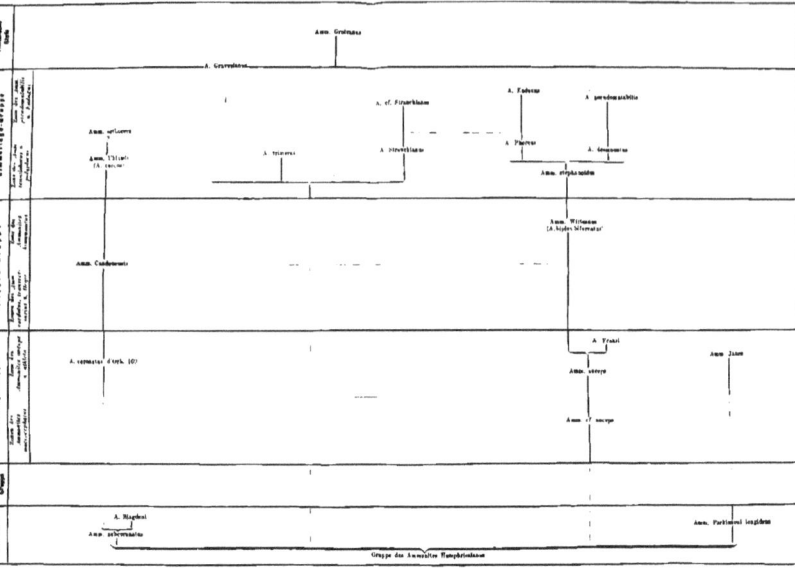

Stammbaum einiger Nachkommen der Coronaten.

www.ingramcontent.com/pod-product-compliance
Lightning Source LLC
Chambersburg PA
CBHW021818190326
41518CB00007B/641